घरातील बाग

(Indoor Plants

डॉ. आ. बा. पाटील

मेहता पब्लिशिंग हाऊस

GHARATIL BAG by DR. A.B. PATIL

घरातील बाग / शेतकी

© डॉ. आ. बा. पाटील
'कमला', कृषी को-ऑप. हौ. सोसायटी,
गोखले नगर, पुणे – १६.

प्रकाशक
सुनील अनिल मेहता
मेहता पब्लिशिंग हाऊस
१९४१, सदाशिव पेठ, पुणे – ३०.
© ०२०-२४४७६९२४
Email : info@mehtapublishinghouse.com
Website : www.mehtapublishinghouse.com

अक्षरजुळणी
एच. एम. टाईपसेटर्स
११२०, सदाशिव पेठ,
पुणे – ३०.

प्रथमावृत्ती
ऑगस्ट, २०००
दुसरी आवृत्ती
डिसेंबर, २००२
तिसरी आवृत्ती
डिसेंबर, २००६
पुनर्मुद्रण
एप्रिल, २०१३

मुखपृष्ठ
बाबू उडुपी

ISBN 81-7766-365-8

स्नेहपूर्ण सप्रेम भेट

सांगली जिल्ह्यातील कुरळप या खेड्यातील शेतकऱ्यांच्या कुटुंबात जन्मलेल्या, ३० वर्षापूर्वी पदवी मिळवूनही नोकरी न करणाऱ्या, शेती, सहकार, समाजकार्य यांना वाहून घेऊन आपल्या व शेजारच्या गावातील शेती व शेतकऱ्यांचा विकास करण्यासाठी सतत धडपडणाऱ्या, सहकार क्षेत्रात मानाची अनेक पदे भूषविणाऱ्या, आपल्या विनम्र स्वभावाने व गोड संभाषणाने अनेकांना आपलेसे करणाऱ्या, महाराष्ट्रातील आघाडीवरील राजारामबापू पाटील सहकारी साखर कारखान्याच्या चेअरमनपदाची धुरा अनेक वर्षे कार्यक्षमपणे, यशस्वीपणे पेलणाऱ्या–

श्री. पी. आर. पाटील ऊर्फ दादा यांना माझी ही ‘**घरातील बाग**’ स्नेहपूर्ण सप्रेम भेट.

– डॉ. आ. बा. पाटील

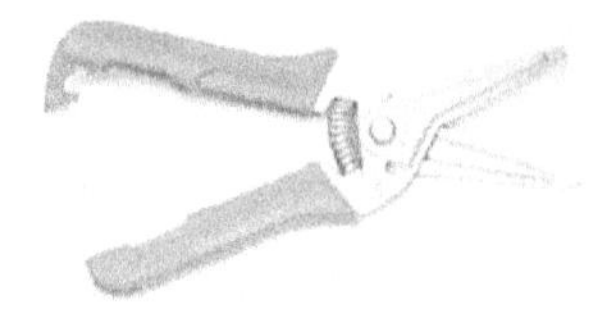

घरातील बागेत प्रवेश करण्यापूर्वी

सध्या झाडांची मोठ्या प्रमाणात तोड होते आहे. जंगले ओस पडू लागली आहेत. त्यामुळे अनेक प्रश्न निर्माण झाले आहेत, हे खरे आहे. या सर्वांची काय कारणे आहेत, याचा येथे विचार करण्याचे कारण नाही. तसेच, झाडांची ही तोड कशी थांबवावी याबद्दलही येथे लिहिणे योग्य नाही. वृक्षतोड होते आहे हे खरे आहे. परंतु त्याचा अर्थ लोकांच्या मनात झाडाबद्दल, रोपांबद्दल प्रेम कमी झाले आहे असे म्हणता येणार नाही. कारण 'सुंदर माझी फुलबाग' या माझ्या पुस्तकाची चौथी आवृत्ती फार थोड्या कालावधीत प्रसिद्ध झाली. तीच गोष्ट माझ्या 'सुंदर माझी फळबाग' आणि 'बोन्साय' या पुस्तकांची. त्यांच्याही अल्पावधीत तीन आवृत्ती प्रसिद्ध झाल्या आहेत. त्यावरून लोकांना फळझाडे, फुलझाडे लावण्याची इच्छा आहे. त्यासाठी ते तसा प्रयत्न एकसारखा करीत आहेत, हेच यावरून दिसते. त्यात त्यांच्याही काही अडचणी आहेत.

आपली लोकसंख्या झपाट्याने वाढते आहे. त्यांना राहण्यासाठी घरे पाहिजेत. त्यामुळेच पूर्वीप्रमाणे एकमजली, दुमजली घरे लोकांना अपुरी वाटू लागली. म्हणूनच आता मोठ्या शहरात २५-५० मजली किंवा त्यापेक्षाही उंच इमारती उभ्या राहत आहेत. वाडा संस्कृती, घरकुल संस्कृती जाऊन आता फ्लॅट संस्कृती आली आहे. त्यामुळे परसबाग, बंगला-बाग कमी झाली. तर आता फ्लॅटबाग, घरातील बाग आली आहे. परिस्थितीला अनुरूप आपण वागले पाहिजे. पूर्वी आपण क्वचितच झाडे घरात ठेवत होतो. परंतु आता झाडांना घराशिवाय जागा राहिली नाही.

बागेतल्याप्रमाणे सर्वच झाडे घरात ठेवता येत नाहीत. कारण बाहेरच्या वातावरणात झाडांना सूर्यप्रकाश, हवा, सावली भरपूर मिळते. घरातील झाडांना तसे वातावरण लाभत नाही. घरात ठेवण्यासाठी काही निवडक झाडे लागतात. ही झाडे कोणती? त्यांची निगा कशी राखावी, त्यांची जोपासना कशी करावी, असे अनेक प्रश्न निर्माण होतात. माझ्या या पुस्तकात मी त्या प्रश्नांची उकल करण्याचा प्रयत्न केला आहे. हा प्रयत्न कितपत यशस्वी झाला आहे हे, वाचकांनीच ठरवायचे आहे.

घराबाहेरच्या बागेतून घरातील बागेत आपणास प्रवेश करायचा आहे. त्यासाठी त्याचे तंत्र समजावून घेतले पाहिजे. काही ठराविक झाडांची निवड केली पाहिजे. घरात ठेवायची झाडे प्रामुख्याने परदेशातील आहेत, कारण परदेशातच घरात झाडे ठेवण्याची पध्दत पूर्वीपासून अधिक आहे. त्यामुळे या झाडांची नावेही परदेशी आहेत. त्याना मराठी नावे देण्याचा मोह मी या पुस्तकात टाळला आहे. वाचकांना वाटल्यास त्यानी तसे करावे.

आत्तापर्यंतच्या झाडांच्या माझ्या तिन्ही पुस्तकांचे प्रकाशन श्री. सुनील मेहता यांनीच केल्याने हे पुस्तक त्यांच्याशिवाय इतर कोणाकडे देणेच शक्य नाही. ते आपुलकीने, आत्मियतेने पुस्तकाचे प्रकाशन करतात. म्हणूनच त्यांची पुस्तके वाचकप्रिय झाली आहेत. अनेक आवृत्त्या निघाल्या आहेत. पुस्तकाचे फक्त मुखपृष्ठच ते रंगीत छापतात असे नाही तर आतही रंगीत छायाचित्रे छापून पुस्तक अधिक आकर्षक करतात. माझ्या सर्व पुस्तकांच्या बाबतीत माझा हा अनुभव आहे. माझे हे पुस्तकही त्याला अपवाद नाही.

माझ्या या पुस्तकाचे मुखपृष्ठ श्री. बाबू उडुपी यांनी छान सजविले आहे. त्यामुळे पुस्तक अधिक आकर्षक झाले आहे. त्याबद्दल त्यांना धन्यवाद.

'घरातील बाग' ही कल्पना आपणाकडे आताशी रूजू लागल्याने अद्याप या विषयावर फारशी भारतीय पुस्तके नाहीत. तथापि अनेक परदेशी पुस्तके वाचावयास मिळाली. त्यांचा चांगला उपयोग झाला. त्या लेखकांचे, प्रकाशकांचे आभार! माझ्या आतापर्यंतच्या झाडासंबंधीच्या तीन पुस्तकांचे वाचकानी प्रचंड स्वागत केले आहे. फार थोड्या अवधीत या पुस्तकांच्या दुसऱ्या, तिसऱ्या आवृत्त्या प्रसिद्ध झाल्या. वाचकांच्या या प्रतिसादाबद्दल त्यांना धन्यवाद. त्यामुळेच मी हे चौथे पुस्तक लिहू शकलो. त्याचीही आता दुसरी आवृत्ती प्रसिद्ध होत आहे.

आपण फ्लॅटमध्ये राहत असल्याने झाडे लावता येत नाहीत, म्हणून अनेक लोक नाराज असतात. परंतु त्यांनी आपल्या फ्लॅटमध्ये, घरात सुंदर सुंदर झाडे लावून आपले घर सजवावे, घरातील बाग फुलवावी. बागेबद्दल, झाडांबद्दल आपले प्रेम असेच वाढवावे हीच अपेक्षा.

—डॉ. आ. बा. पाटील

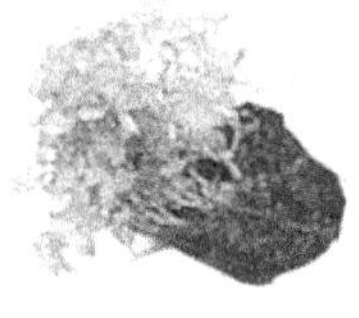

अनुक्रम

१ झाडांचे प्रेम

पूर्वी माणूस जंगलात राहत होता. जंगलातूनच त्याला त्याचे अन्न, निवारा मिळत होता. त्यामुळे त्याला वनस्पतींबद्दल, झाडांबद्दल प्रेम असणे सहाजिक आहे.

आपण मानव सुधारलो, चंद्रावर, मंगळावर जाऊ लागलो. तरीही आपले झाडा- झुडुपाबद्दलचे प्रेम कमी झालेले नाही. निसर्गात फिरताना नाना तऱ्हेची, रंगीबेरंगी झाडे पाहून आनंदित न होणारा माणूस क्वचितच! झाडांच्या या प्रेमातूनच आपण आपल्या घराशेजारी झाडे, झुडूपे लावली! एवढेच नाही तर ज्याठिकाणी अशी झाडे झुडुपे असतील त्याच ठिकाणी आपले घरकूल उभारले. अद्यापही आदिवासी लोक जंगलातच राहतात. ते जंगलचे राजे आहेत.

परंतु आपल्या शहरात काय झाले? आपण झाडे तोडली, त्याठिकाणी रस्ते केले, इमारती बांधल्या. आपण सिमेंट कॉंक्रिटचे जंगल उभे केले आणि अद्याप उभे करीत आहोत. तरीही आपले झाडांचे प्रेम कमी झालेले नाही. शहरात अनेक ठिकाणी सुंदर, सुंदर बागा उभ्या केल्या आहेत. परंतु एवढ्या प्रचंड लोकसंख्येला या बागा कितीशा पुरणार? ज्यांना शक्य आहे त्यांनी आपल्या घरकुला शेजारच्या जागेत बागा उभारल्या. त्यात अनेक प्रकारची झाडे-झुडुपे लावली. वेली लावल्या. फुलांनी, फळांनी, भाजीपाल्यांनी बागा सजल्या. परंतु हा आनंद सर्वांनाच घेणे शक्य नाही. कारण माणसे वाढली. परंतु जागा वाढत नाही. मग फ्लॅटच्या इमारती आल्या. माणसाचे पाय जमिनीवर राहिले नाहीत. उंच उंच इमारती उभारल्या जात आहेत. आकाशाला भिडणाऱ्या इमारतीत लोक राहत आहेत. अशा लोकांनी बागा कोठे करायच्या? झाडा झुडुपांचे सान्निध्य कोठे मिळवायचे? त्यापासून मिळणारा बहुमोल आनंद कोठे शोधायचा? आजारी माणसाने छान छान झाडे पाहिली, सुंदर सुंदर फुले पाहिली की त्याचे मन आनंदाने भरते. थोडा काळ तरी आजार पळून जातो. आपले झाडावरील प्रेम असे अफाट आहे. झाडे न आवडणारा, सुंदर झाडे, छान फुले पाहून आनंदित न होणारा माणूस क्वचितच सापडेल!

मानवाच्या झाडाच्या या प्रेमातूनच घरात झाडे ठेवण्याच्या कल्पनेचा उदय

झाला. घराबाहेर जागा नाही, जागा असली तरी बाग करण्यास जमत नाही. अशावेळी झाडांचा सहवास कसा मिळवायचा? त्यातील आनंद कसा उपभोगायचा? आपल्या घरात झाडे ठेवून. घरातच झाडांची बाग करून. कारण घरातील कुंडीतील एक झाडही मनाला आनंद देते. ते झाड म्हणजे एक प्रकारची बागच ठरते. सध्या तर घरात अशी छान झाडे लावण्याची हौस वाढते आहे. पूर्वी आपल्या कार्यालयात, बँकेच्या कार्यालयात आपण कधी झाडे पाहिली होती? परंतु अशी ही कार्यालयेही कुंडीतील झाडांनी सजू लागली आहेत, फुलू लागली आहेत. त्यामुळे कार्यालयातील कर्मचाऱ्यांना, तेथे येणाऱ्या लोकांना आनंद मिळतो आहे व त्यांचा उत्साह वाढतो आहे.

प्राचीन पद्धत

घरात झाडे ठेवण्याची पद्धत बरीच जुनी आहे. फार पूर्वी ग्रीक व रोमन लोक काही झाडे आपल्या घरात, प्रासादात ठेवीत असत. दुसऱ्या महायुद्धानंतर ही पद्धत अधिक वाढली. स्कँडेव्हियन आणि अमेरिकन लोकांनी ही पद्धत वाढविली. कारण युरोप, अमेरीका या सारख्या देशात राहणीमान सुखकारक करणारी, घर गरम करणारी, थंड करणारी साधने वाढली. नवीन धर्तीची घरे बांधली. अशा घरात खिडक्या मोठ्या झाल्या. त्यांना काचेची दारे आली. त्यामुळे घरात भरपूर सूर्यप्रकाश आणि हवा येऊ लागली. कित्येकांनी तर घर बांधतानाच झाडे लावण्यासाठी जागा ठेवून झाडे लावण्याची सोय केली. आता आपणाकडे असे प्रकार अनेक ठिकाणी दिसू लागले आहेत. त्यामुळे भारतातही घरात झाडे ठेवण्याची पद्धत वाढते आहे. वाढणार आहे. विशेषतः मोठमोठ्या शहरात या गोष्टी वाढणार आहेत. कारण येथील माणूस आता उंच हवेत राहतो आहे. घराप्रमाणेच दुकाने, कार्यालये, बँका, हॉटेल, दवाखाने, क्लब, शाळा, महाविद्यालये आता आतील झाडांनी सजू लागल्या आहेत. त्याचा फायदा सर्वांना समजू लागला आहे.

आपण पुस्तके वाचनालयातून आणतो. एक वाचून झाले की दुसरे आणतो. घरातील झाडांचीही अशी संग्रहालये किंवा दुकाने झाली आहेत. त्याठिकाणी आपणास झाडे विकत मिळतात किंवा भाड्याने मिळतात. एका झाडाचा कंटाळा आला की दुसरे झाड मिळते. त्यामुळे अनेक प्रकारच्या झाडांचा आनंद लुटता येतो. अनुभवता येतो.

विकत किंवा भाड्याने झाडे आणणे सर्वांनाच परवडत नाही. किंबहुना आवडतही नाही. अशा परिस्थितीत आपणच झाडे केली तर? आपणास हव्या त्या झाडांच्या बिया लावून, कटिंग लावून किंवा गुट्या बांधून रोपे करता येतील. किंवा झाडाचे लहान रोप आणून ते वाढविता येईल. यातच खरा आनंद आहे. आपणच झाड

तयार केले, लहानाचे मोठे केले असे सांगण्यात वेगळेच समाधान असते. या सर्व गोष्टी आपणास समजल्या पाहिजेत. आपण कोणत्या खोलीत कोणते झाड ठेवायचे, झाडाची निवड कशी करायची या गोष्टीही समजल्या पाहिजेत. त्याची माहिती आपण घेतली पाहिजे. कारण घराबाहेरच्या बागेप्रमाणेच घरातील बागेचेही एक तंत्र आहे. ते समजावून घेतले तर आपल्या घरातील बाग आकर्षक होईल. मनमोहक होईल.

□

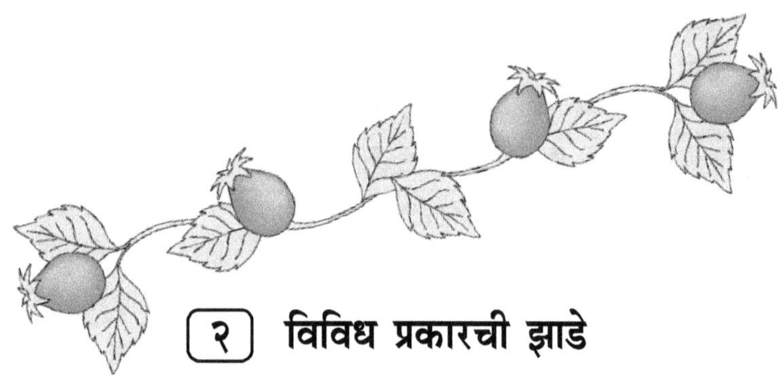

२ विविध प्रकारची झाडे

घरात झाडे लावायची ठरली. परंतु कोणती झाडे लावायची? कशा प्रकारची झाडे आपल्या कोणत्या खोलीत चांगली दिसतील? असे अनेक प्रश्न मनात येतात. कारण घराबाहेरच्या बागेतली सर्वच झाडे घरात चांगली येतातच असे नाही. शिवाय आपली आवडनिवड असते. त्यासाठी योग्य झाडांची माहिती करून घेणे महत्त्वाचे आहे. झाडांची निवड करताना त्यांची ठेवण, पानांचा आकार, पानांचा पोत, पानांचा रंग, पानांची रचना इत्यादी बाबींचा विचार करावा लागतो.

झाडांची ठेवण

सगळी झाडे एकाच प्रकारच्या ठेवणीची, शैलीची नसतात. प्रत्येकाचे काही तरी वैशिष्ट्य असते. झाडाच्या अनेक वैशिष्ट्यांपैकी त्याचा आकार, ठेवण कशी आहे यावर त्या झाडाचा आकर्षकपणा अवलंबून असतो. झाडाची सर्वसाधारण ठेवण कशी आहे यावर त्या झाडाचा आकार अवलंबून असतो. त्याशिवाय झाडाच्या वाढीची घनता, झाडावरील खोडे व फांद्या यांची संख्या व त्यांचा आकार, पाने कशाप्रकारे लागतात आणि पानांचे वजन किती आहे, इत्यादीवरही झाडाचे सौंदर्य अवलंबून असते.

जसजसे झाड वाढेल त्याप्रमाणे झाडाचा आकार बदलत जातो आणि सर्वसाधारणपणे ७-८ प्रकारच्या म्हणजे सरळ, कमानीप्रमाणे, वाकलेले, झुडूप, वर चढणारे, जमिनीवर रांगणारे व रिबीनच्या आकाराचे असे प्रकार होतात.

पानांची ठेवण

झाडाच्या सौंदर्यात पानांच्या ठेवणीला फार महत्त्व आहे. निरनिराळ्या झाडांच्या पानांची ठेवण वेगवेगळी असते. उदा. स्वीट हार्ट प्लॅट– या झाडाला टोकदार पाने असतात. ती मांसल असतात. सुरुवातीस ती तांबुस रंगाची असतात. परंतु नंतर ती हिरवीगार होतात. ठेंगू नारळाचे झाड- हे एक शोभेचे झाड आहे. त्याची पाने अणकुचीदार असतात. अगदी लहान लहान आकारात त्यांची विभागणी झालेली असते. पिसासारखी पाने दिसत असली तरी ती कठिण असतात. या झाडाला तसे

खरे खोड नसते. खालूनच त्याला फांद्या फुटतात.

पानांचा आकार

झाडाच्या आकर्षकपणात पानांच्या आकाराला बरेच महत्त्व आहे. कारण पाहणाऱ्यास प्रथम पानांचा आकारच दृष्टीत भरतो. पानांचे आकार अनेक प्रकारचे असतात. भाल्याच्या आकाराची, हृदयाच्या आकाराची, पंख्याच्या आकाराची, अंड्याच्या आकाराची, कुरतडलेल्या आकाराची, अशा अनेक प्रकारच्या आकाराची पाने झाडावर आढळतात.

आपणास योग्य वाटेल, आवडेल अशा आकाराच्या पानांच्या झाडाची निवड करावी.

उदा. (१) पॅशन फ्लॉवर जातीच्या झाडाची पाने पंख्याप्रमाणे असतात.

(२) ॲस्पॅरेगसची पाने तारेच्या आकाराची दिसतात.

(३) सिल्क ओकची पाने विभागलेली आणि फणीसारखी दिसतात.

(४) मनी प्लँटची पाने हृदयाच्या आकाराची टोकदार असतात.

ही यादी आणखी वाढविता येईल. फक्त कल्पना येण्यासाठी काही उदाहरणे दिली आहेत.

पानांचे रंग

निसर्ग हा खरा कलावंत आहे. त्याने आपल्या कुंचल्याने सगळीकडे कितीतरी विविध प्रकारच्या रंगांची उधळण केली आहे. त्या सर्व रंगांनी मन मोहित होते. आता झाडांच्या पानाचेच घ्या. किती विविध रंगाची ही पाने आहेत!

हिरव्या रंगाची पाने आपल्या परिचयाची आहेत. पण त्याचबरोबर चांदीसारख्या पांढऱ्या रंगापासून गर्द पिंक रंगापर्यंत अनेक रंग आढळतात. झाडाची पाने जणू एखाद्या कलावंताने हाताने रंगवल्यासारखी वाटतात. त्यामुळेच दोन-तीन रंगाची पाने असलेली झाडे लावून फार आकर्षक देखावा निर्माण करता येतो.

उदा. (१) एंजल विंग्ज– या झाडाची पाने विविध रंगाची असतात. हिरव्या रंगाचे पान आणि त्याच्या शिरा लाल रंगाच्या असतात. तर काही पाने पांढऱ्या व

पिवळसर रंगाची असतात आणि त्याच्या शिरा पिंक किंवा हिरव्या रंगाच्या असतात.

(२) क्रोटॉन– क्रोटॉनमध्ये पानांचे कितीतरी विविध आकर्षक रंग असतात. कोवळी पाने हिरवा, तांबडा, नारिंगी इत्यादी रंगाची असतात. ती जून होतील तसे त्यांचे रंग बदलतात.

(३) मोराचे झाड– मोराच्या पंखाच्या रंगाप्रमाणे हातानेच जणू ही पाने रंगविली आहेत असे वाटते. हिरव्या रंगावर काळ्या रंगाचे आडवे पट्टे असतात.

(४) चंदेरी भाला– नावाप्रमाणेच आकर्षक रंगाची ही पाने असतात. कडेला आणि शिरांच्या ठिकाणी यांचा रंग हिरवा असतो. उरलेले सर्व पान चंदेरी पांढरे आणि पिवळसर असते.

(५) स्ट्राबेरी जिरॅनियम– यांचे खोड दोऱ्यासारखे असून त्यावर लहान लहान पाने असतात. पानांचा रंग कडेला गुलाबी आणि आत हिरवा असतो. त्या पानावर गुलाबी रंगाचे केस असतात.

पानांचा पोत (टेक्श्चर)

ज्याप्रमाणे पानांचा आकार, ठेवण, रंग विविध प्रकारचे असतात, त्याचप्रमाणे पानांच्या पाती (टेक्श्चर) मध्येही अनेक प्रकार असतात. फार थोड्या पानांचा  पोत खास नसतो. परंतु अनेक पानांच्या पोतात फार फरक असतो. काही पानांचे, गुळगुळीत तर काहींचे खडबडीत पृष्ठभाग असतात. काही पानांवर रेषा असतात, तर काही पाने शिवल्यासारखी असतात. काहींच्यावर केसाळ लव असते, तर इतरांच्यावर खोलगट भाग असतात. अशाप्रकारे पानांच्या घडणीत नाना प्रकार पडतात. विविध घडणीच्या पानांची झाडे जवळ जवळ ठेवल्यास फार आकर्षक दिसतात. काही पानांचे प्रकार पुढील झाडात आढळतात.

(१) कास्ट आर्यन प्लॅट– याची पाने खोलगट रेषा असलेली असतात. त्या पानांच्या लांबीवर असतात. ही पाने कातड्याप्रमाणे असतात.

(२) बर्ड्स् नेस्ट– भाल्याच्या आकाराची ही पाने फार मऊ आणि चकाकणारी असतात. त्यांच्या मध्यभागी पट्टा असतो.

(३) पर्पल व्हेलव्हेट प्लँट– या झाडाची पाने दातेरी असतात. त्यावर जांभळ्या रंगाची मऊ लव असते. त्यामुळे ते पान केसाळ वाटते.

(४) स्टॅगहॉर्न फर्न– सांबराच्या शिंगाच्या आकाराची याची पाने असल्याने त्याला हे नाव मिळाले आहे. याच्या पानावर पांढरट, केसाळ पावडर पसरल्यासारखे वाटते.

(५) कॉलमिया– याची पाने गर्द हिरव्या रंगाची जोडीने असतात. ती पाने मांसल आणि मेणकट असतात.

पानांची घडण अशी विविध असते. जेवढी उदाहरणे द्यावीत तेवढी थोडीच आहेत.

□

३ झाडांची निवड कशी करावी?

घरात ठेवावयाच्या झाडांची योग्य निवड करणे फार महत्त्वाचे असते. कारण आपण एखाद्या बागेत किंवा रोपवाटिकेत झाडे आणण्यासाठी गेलो तर अनेक झाडे आपणास सुंदर वाटतात. हे झाड घेऊ की ते घेऊ असेही काहींचे होते. तेथील विक्रेताही आपल्या गळ्यात अनेक झाडे घालतो. आपण त्याच्या मोहाला बळी पडून अनेक झाडे घरी आणतो. त्यानंतर आपणास समजते की यातील बरीच झाडे आपल्या घरात ठेवता येणार नाहीत. म्हणूनच आपण झाडांची योग्य निवड केली पाहिजे. ही निवड कशी करावी?

आपल्या घरात ही झाडे ठेवायची आहेत. त्यादृष्टीने आपण आपल्या घरात ही झाडे कोठे व कशी ठेवणार आहोत, आपल्या घरात त्यांना लागणारा सूर्यप्रकाश, हवा, उजेड, आर्द्रता किती आहे हे सर्व ध्यानात घेतले पाहिजे. त्यादृष्टीने झाडांची निवड करावी. झाडे निवडीच्या वेळी काही गोष्टी आपण ध्यानात ठेवाव्यात.

आपण जी झाडे घरात ठेवणार आहोत ती कायमची ठेवणार की तात्पुरती याचा विचार महत्त्वाचा आहे. कारण काही झाडे थोडा काळच टिकतात. काही झाडांना ठराविक हंगामातच फुले येतात. फुले आल्यानंतर त्या कुंड्या घरात छान दिसतात. परंतु नंतर त्यांना बागेत किंवा अन्य ठिकाणी ठेवाव्या लागतात.

काही झाडे अनेक वर्षे चांगली राहू शकतात. अर्थात त्यांची चांगली निगा घेतली पाहिजे. अशी झाडे प्रामुख्याने शोभेच्या पानांची असतात. रबर प्लँटसारख्या शोभेच्या पानांची झाडे त्यांची योग्य काळजी घेतल्यास कायमची घरात ठेवता येतात. आपणा सर्वांच्या परिचयाची कॅक्टसची झाडे आहेत. ही झाडेही घरात कायम ठेवणे शक्य असते.

म्हणूनच आपणास घरात कायम ठेवण्यासाठी झाडे घ्यायची की तात्पुरत्या काळासाठी झाडे ठेवायची याचा विचार करणे महत्त्वाचे आहे. त्याचबरोबर आपण ज्या ठिकाणी ही झाडे ठेवायची ती आपल्या घरातील जागा कशी आहे, त्याठिकाणी ही झाडे शोभतील किंवा कसे याचाही विचार केला पाहिजे.

आणखी एक महत्त्वाचा मुद्दा म्हणजे झाडांच्या किंमतीचा. तयार मोठी झाडे

आणायची म्हटले तर त्यासाठी बरेच पैसे खर्च करावे लागतात. म्हणूनच आपणास परवडतील अशाच झाडांची निवड करावी. मोठ्या कुंडीतील मोठी झाडे महाग असतात. लहान कुंडीतील लहान झाडे स्वस्त असतात. आपणासही काही झाडे घरीच तयार करता येतील. सुंदर पानांच्या झाडांची कटिंग लावूनही रोपे करता येतात. त्यासाठी फार खर्च येत नाही. वेगवेगळ्या झाडांपासून रोपे कशी करावयाची याची माहिती पुढे दिली आहे. त्याप्रमाणे आपणास घरीच रोपे तयार करणे शक्य होईल. त्यामुळे खर्च कमी होऊन आपणच तयार केलेली झाडे लावण्याचा एक वेगळा आनंद मिळेल.

आपण घरात झाडे लावण्यास नव्यानेच सुरुवात करणार असाल म्हणजेच आपला याबाबत काही अनुभव नसेल तर, जगवायला व निगा ठेवायला सोपी अशीच झाडे निवडावीत. त्यांच्या किंमतीही कमी असतात. अशी झाडे पुढीलप्रमाणे आहेत. अर्थात ही यादी परिपूर्ण नाही. आपल्या अनुभवाने त्यात वाढ करता येईल. अशा झाडांचे गट खालीलप्रमाणे आहेत.

१. कॅक्टस किंवा सक्युलंटस
२. फर्न
३. पाम
४. बिगोनिया
५. मॉन्स्टेरा
६. रबर प्लँट
७. ट्रॅडेस्कॉन्शिया
८. क्रोटान्स
९. फिलॉडेन्ड्रान
१०. सेन्सेन्हेरिया
११. रक्तपर्णी

निरनिराळ्या रंगाच्या पानांची झाडे घरात चांगली दिसतात. त्यात पुढील प्रमुख झाडे आहेत.

हिरव्या पानांची झाडे.

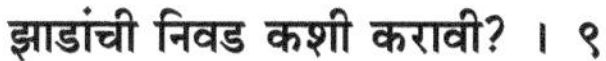

१. रबर प्लँट
२. ड्रेसिना
३. फिलॉडेन्ड्रान
४. फर्न
५. मेडन हेअर फर्न

रंगीत पानांची झाडे

१. रंगीत ड्रेसिना

२. सेन्सेव्हेरिया
३. क्रोटॉन्स
४. मरांटा
५. ट्रेडेस्कॅन्शिया झेब्रिना.

झाडांची उंची व आकारमान

झाडांच्या प्रकारानुसार त्यांची उंची व पसारा असतो. प्रत्येक प्रकारचे काही तरी वैशिष्ट्य असते. म्हणून आपणास झाडे कोठे ठेवायची आहेत याचा विचार करून झाडे निवडावी लागतात. हॉलमध्ये ठेवायचे झाड उंच व रुबाबदार असावे. तसेच खिडकीतील झाड फारसे उंच व नाजूक नसावे. कारण खिडकीत वारा असतो. उंची व आकारमानानुसार घरातील झाडांचे पुढील सहा प्रकार पडतात.

१. उभट झाडे

आपणास एकाच ठिकाणी बरीच झाडे ठेवायची असतील तर शिडशिडीत खोडांची उभट झाडे योग्य असतात. कारण त्यांचा पसारा फार नसतो. एखाद्या कोपऱ्यात एखादेच उंच झाड फार शोभून दिसते. उदा. रबर प्लँट कोपऱ्यात चांगले दिसते. याशिवाय पाम प्रकारात न मोडणारी पण पामसारखी दिसणारी झाडे या उभट गटात मोडतात. या प्रकारच्या झाडात डिफनबेकीया, ड्रेसिना, पॅन्डॅनस इत्यादी झाडे येतात.

२. गवताळ शोभेची झाडे

या प्रकारातील झाडांची पाने अरुंद व गवताच्या पात्यासारखी लांब असतात. तर काही झाडांची पाने रुंद परंतु गवताच्या पानासारखी लांब असतात. क्लोरोफायटस सारखी झाडे या प्रकारात येतात.

३. झुडुपासारखी झाडे

झुडुपासारखी वाढणारी अनेक रंगीत पानांची झाडे या प्रकारात येतात. या झाडाला मुख्य खोडाच्या बाजूने अनेक उपखोडे फुटून त्यांचा आकार झुडुपासारखा होतो. या प्रकारात अर्कामिनीज, रेक्स बिगोनिया, मरांटा, पिलीया इत्यादी झाडे येतात.

४. चेंडूच्या आकाराची झाडे

अनेक कॅक्टस चेंडूच्या आकाराची असतात. त्याला पाने नसतात. त्यांचे खोड मांसल असते. ती झाडे या प्रकारात येतात. या मांसल खोडाचा पृष्ठभाग गुळगुळीत असतो. त्यावर बारीक काटे असतात. या वर्गात कॅमलेरिया सारखी कॅक्टस येतात.

५. वेली किंवा लोंबकळणारी झाडे

अनेक वेली घरात लावता येतात. किंबहुना बहुतेक वेली हँगरमध्ये लावून त्याना लोंबकळत ठेवता येते. त्यामुळे घराची शोभा वाढते. कित्येकदा खोलीच्या कोपऱ्यात टीपॉयवर अशा वेलीच्या कुंड्या ठेवल्यास त्यातून त्या खाली डोकावतात आणि आकर्षक दिसतात. अशा वेलीच्या हँगिंग्स घरात कोठे कशा लावाव्यात याची स्वतंत्र प्रकरणात माहिती दिली आहे. मनीप्लँट किंवा पोथोस, फिलॉडेन्ड्रान यासारखी झाडे या गटात येतात.

६. पानांचा गुच्छ असलेली झाडे

ही झाडे बुटकी असतात. त्यांच्या शेंड्याशी पानांचा गुच्छ असतो. आलू हे कोरफड सारखे दिसणारे मांसल पानाचे झाड या प्रकारात मोडते. काही मांसल पाने असलेली झाडे नरसाळ्याच्या आकाराचा पानांचा गुच्छ करून वाढतात. ब्रोमेलियाड वर्गातील झाडे या गटात येतात.

घरातील वातावरणानुसार झाडांची निवड

आपण झाडे घरात लावतो. बागेतील झाडाप्रमाणे त्यांना घरात भरपूर सूर्यप्रकाश, आर्द्रता मिळत नाही. कारण घरात सूर्यप्रकाश कमी असतो आणि घरातील हवा कोरडी असते. म्हणून घरात ठेवण्यासाठी झाडे निवडताना पुढील गोष्टी ध्यानात ठेवाव्यात.

१. घरातील उपलब्ध प्रकाशात (कधी कमी, कधी जास्त सूर्यप्रकाश तर कधी पूर्ण सावली) वाढू शकणारी झाडेच घरात ठेवावीत.

२. घरातील हवा कोरडी असल्याने पानात व खोडात पाणी धरून ठेवणारी झाडे निवडावीत.

३. आपल्या घराच्या रंगसजावटीला योग्य होतील अशा रंगाची पाने किंवा फुले असणारी झाडे निवडावीत.

४. घरातील तापमानात चांगली वाढणारी झाडे निवडावीत.

घरातील सूर्यप्रकाशानुसार झाडे

घरात नेहमी भरपूर सूर्यप्रकाश येत नाही. म्हणून त्यास योग्य झाडांची निवड करावी. त्याची अधिक माहिती पुढीलप्रमाणे–

१. अर्ध सावली असते, पुरेसा सूर्यप्रकाश मिळत नाही अशा ठिकाणी ठेवण्यासाठी फर्न मॉन्स्टेरा, पेपरोमिया, रबर प्लँट, ड्रेसिना, डिफनबोकिया ही झाडे योग्य असतात.

२. खिडकीपासून लांब व सावलीची जागा

अस्पीडीस्ट्रा, सेन्सेव्हेरिया, फिलॉडेन्ड्रान झाडे योग्य.

३. योग्य प्रकाश परंतु ऊन नाही

अँथुरिअम, ॲस्पॅरेंगस, मॉन्स्टेरा, पेपरोमिया, पिलिया बिगोनिया; डिफेनबेकिया.

४. पूर्वेकडून किंवा पश्चिमेकडून सूर्यप्रकाश येणारी जागा-

क्रोटॉन्स, रबरप्लँट, बेलापेरॉन, क्लोरोफायटम, रक्तपर्णी, सेन्सव्हेरिया, ट्रॅडेस्कॉन्शिया

५. चांगला सूर्यप्रकाश येणारी खिडकी-

कॅक्टस, कोलियस, आयरेसीन, नोरियम, बोगनवेल, सक्युलंटस, कॅलिस्टेमॉन, लांटाना, पॅलॅसेमोनियम, झेब्रिना.

□

<h2>४   झाडांसाठी योग्य भांडी</h2>

आपण राहण्यासाठी घर बांधतो. आपल्या ऐपतीप्रमाणे, घरातील माणसांच्या संख्येप्रमाणे लहान, मोठे, रुबाबदार, साधे घर असते. झाडांनाही घर लागते. त्यातच ती वाढतात. त्याच्यातूनच ती अन्न घेतात. झाडे मातीच्या कुंडीत लावतात हे सर्वांना माहित आहे. परंतु आता माती बरोबरच सिरॅमिक, काच, प्लॅस्टिक, पितळ-तांब्यासारखे धातू किंवा लाकूड यांचीही भांडी बनवितात. त्यांचा उपयोग करून झाडांचा आकर्षकपणा वाढविता येतो.

झाडासाठी भांडे निवडताना एक महत्त्वाची गोष्ट ध्यानात ठेवली पाहिजे. ती म्हणजे झाडाच्या आकारमानाला शोभेल असे भांडे असावे. सर्वसाधारणपणे लहान झाड असले तर त्यांच्या उंचीचे भांडे असावे. कोणत्या भांड्यात कोणते झाड चांगले दिसते याची पहाणी करून भांड्याची निवड करावी. तसेच ते झाड घरात कोठे ठेवायचे आहे यावरही त्या भांड्याचा आकार अवलंबून असतो.

ज्या खोलीत ते झाड न्यायचे तेथील शोभा व सौंदर्य वाढेल अशा घाटाचे भांडे व अशा प्रकारचे झाड निवडावे. भांडे कशाचे, त्याचा आकार, रंग आणि पोत कसा आहे यावर त्या भांड्याचा घाट अवलंबून असतो. त्याच तऱ्हेचे झाडही असावे.

झाडे ठेवायची सर्व भांडी विकत घ्यायची म्हटल्यास त्यासाठी बरेच पैसे खर्च करावे लागतात. म्हणून आपल्याकडे असलेल्या अनेक गोष्टींचा उपयोग करून आपण त्यांचा भांडी म्हणून वापर करू शकतो. त्यात टाकाऊ कागद टाकण्याची टोपली, पाणी घालण्याचे कॅन, चायना व इनेमेल बाऊल इत्यादींचा उपयोग करता येणे शक्य असते.

झाडे ठेवण्याच्या भांड्याचा आकार गोल, चौकोनी, काटकोनी, अंडाकृती, दीर्घवर्तुळाकार असतो. त्यांची खोली किमान ८ सें. मी. असावी आणि झाडाच्या प्रमाणात आकार असावा. द्रोणाकृती भांड्याची लांबी १०० सें. मी., रुंदी ६० सें. मी. आणि खोली १५ सें. मी. असावी. किंवा त्याच्यापेक्षा लहान म्हणजे ३० ते ६० सें. मी. लांबी, १५ सें. मी. रुंदी आणि १५ सें. मी. खोलीचे असावे. त्या

भांड्याच्या तळाशी पाणी जाण्यासाठी २ ते ३ छिद्रे असावीत. तशी छिद्रे नसल्यास भांड्याच्या तळाशी बारीक वाळूचा एक थर देऊन मग त्यावर माती घालावी.

घरात ठेवलेली झाडे अधिक आकर्षक दिसावीत यासाठी एकाच रंगाची भांडी वापरून त्यात वेगवेगळ्या तऱ्हेची झाडे लावून ती जवळजवळ ठेवावीत. भांड्याचा आकार किंवा रंग निवडताना ते आपल्या झाडाला कितपत शोभेल याचा बारकाईने विचार करावा. तसेच अशी झाडे एकत्र ठेवल्यास कशी दिसतील हेही पहावे.

अशा रचनेत वेगवेगळ्या रंगाच्या भांड्यात त्याच रंगांची झाडे लावतात. किंवा एक मोठे आणि त्याच घाटाची दोन लहान भांडी शेजारी ठेवून त्याच्यात वेगळ्या रंगाची एकाच प्रकारची झाडे लावतात. उदा. पिवळसर रंगाच्या भांड्यात हिरव्या रंगाच्या वेली लावता येतात.

दोन्हीत दोन वेगळ्या घाटाची आणि उंचीची भांडी घेऊन त्यात एकाच प्रकारची झाडे लावतात. किंवा एकाच घाटाची परंतु कमी जास्त आकाराची भांडी घेऊन मोठ्या भांड्यात मोठे झाड लावायचे. तर त्याच प्रकारचे लहान झाड लहान भांड्यात लावायचे. ती दोन्ही भांडी शेजारी ठेवल्याने ती आकर्षक मांडणी दिसते.

याशिवाय एकाच घाटाची परंतु थोडी कमी जास्त उंचीची भांडी घेतात. त्यात निरनिराळ्या प्रकारची झाडे लावतात.

अशा प्रकारे भांड्यांच्या, झाडांच्या प्रकारानुसार अनेक प्रकारे भांड्यांची आकर्षक रचना करता येते.

भांडी कशाची योग्य?

झाडे लावण्यासाठी पूर्वीपासून मातीच्या कुंड्यांचा सर्रास वापर केला जातो. कारण ती स्थानिकरित्या मिळतात. त्यांची किंमतही कमी असते. पण गेल्या कांही

वर्षांत चिनी माती, निरनिराळ्या चकाकणाऱ्या टाईल्सची भांडी मिळू लागली आहेत. परंतु मातीची भांडी सच्छिद्र असल्याने झाडांची वाढ होण्याच्या दृष्टिने अधिक चांगली असतात. त्यातून झाडांच्या मुळ्यांना हवा मिळते. पितळ, तांबा यांची भांडीही मिळतात. परंतु ती उन्हाळ्यात गरम होत असल्याने ती झाडासाठी फारशी योग्य नाहीत. कॅक्टस, सक्युलांट्ससाठी प्लॅस्टिकची भांडी वापरतात. कारण त्यांना पाणी फार लागत नाही. शिवाय कोरडे हवामान मानवते. परंतु अशा प्लॅस्टिकच्या भांड्यात ज्यांना आर्द्रता हवी असते, अशी ब्रोमोलीएडस, फर्नस इत्यादी झाडे लावणे योग्य नाही.

मोठी झाडे लाकडी किंवा सिमेंटच्या प्लँटर मध्ये लावतात. अर्थात ही भांडी मोठी असल्याने ती हलविण्यासाठी त्यांना खाली चाके असावीत. लाकडी प्लँटरला आतून व बाहेरून वॉटरप्रूफ रंग द्यावा. मातीच्या कुंड्या स्वच्छ करून गेरूने आतून व बाहेरून रंगवाव्यात.

घरातील झाडाची कुंडी अधिक आकर्षक दिसावी यासाठी ती धातूच्या, प्लॅस्टीकच्या किंवा वेताच्या मोठ्या आकाराच्या भांड्यात ठेवावी.

भांडे उभे, आडवे, पसरट, लहान, मोठे घ्यायचे हे ते भांडे कशाचे बनविले आहे, कोणत्या आकाराचे, रंगाचे आणि पोताचे आहे यावर अवलंबून असते. झाडांचाही तसाच विचार करावा. याबाबतीत तसे काही काटेकोर नियम नाहीत. परंतु आपले झाड कोणत्या प्रकारच्या भांड्यात योग्य दिसते याचा विचार करून भांडे निवडावे. आपल्या घरातील अनेक अडगळीच्या वस्तूंचा वापर झाडांच्या पात्रासाठी करता येईल.

५ कुंडीतील माती

ज्या मातीत झाडे लावायची ती माती जाड कणांची असावी. त्यामुळे त्यातून पाण्याचा निचरा चांगला होतो आणि मुळांना योग्य प्रमाणात हवा मिळते. तसेच त्या मातीत सेंद्रिय पदार्थही असावेत.

जर भारी माती असेल तर त्यात मोठी वाळू आणि बारीक केलेला कोळसा मिसळावा. त्यामुळे त्यातून पाण्याचा निचरा चांगला होईल. दोन भाग माती आणि एक भाग सेंद्रिय पदार्थ (शेणखत किंवा पानांचे कुजलेले खत) आणि एक भाग वाळू यांचे मिश्रण या झाडाला योग्य असते. थोड्या प्रमाणात लाकडाची राख, हाडांचे खत किंवा सुपरफॉस्फेट आणि कोळशाची पूड त्या माती मिश्रणात मिसळतात. सुमारे १ मोठा चमचा हाडाचे खत किंवा १ चहा चमचा सुपरफॉस्फेट १५ सें. मी. भांड्यातील मातीत मिसळावे. ज्यावेळी झाड या मिश्रणात लावायचे त्यावेळी हे मिश्रण फार ओले किंवा फार कोरडे असू नये.

घरशोभेच्या कुंडीत वापरावयाची खत मातीची मिश्रणे

घरात ठेवावयाच्या झाडांच्या कुंड्या भरण्यासाठी वेगवेगळी खतमाती व वाळू यांची खालील मिश्रणे वापरतात.

१. अधिक ह्यूमस असलेले पीटचे मिश्रण

३ भाग पीट व शेवाळ

३ भाग कुजलेला पाचोळा

२ भाग जाड वाळू.

वरील मिश्रणात कोळशाचा १ कप जाड चुरा मिसळावा. त्यात चांगले कुजलेले शेण खत १ भाग मिसळावे.

२. पीटयुक्त मिश्रण

१ भाग पीटमॉस

१ भाग व्हर्मीक्युलाईट

१ भाग पर्लाईट

यात चुनखडीचा चुरा २ चमचे आणि १ भाग बारीक केलेले शेणखत मिसळावे.

३. पोयटायुक्त मिश्रण

१ भाग निर्जंतुक जाड पोयटा

१ भाग कुजलेला पालापाचोळा

१ भाग वाळू (जाड)

या मिश्रणात १ भाग बारीक केलेले, कुजलेले शेणखत मिसळावे. कुंडी करण्यासाठी जी माती वापरायची ती तव्यावर चांगली भाजून घ्यावी. त्यामुळे मातीतील कृमि, जंतूंचा नाश होतो. तसेच या मातीत १ चिमुटभर अल्ड्रिन पावडर टाकावी. त्यामुळे वाळवीचा उपद्रव होत नाही.

□

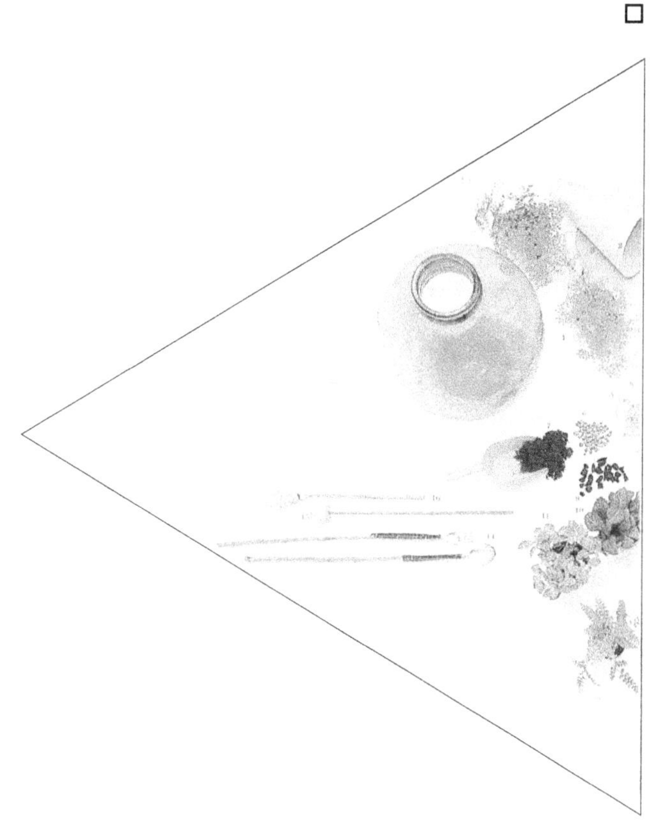

६ | कुंडीत झाड असे लावा

कुंडीत किंवा भांड्यात झाड लावण्यापूर्वी झाडाचा आकार लक्षात घेऊन कुंडी किंवा भांड्याची निवड करावी. फार मोठी कुंडी निवडू नये. कारण अशा मोठ्या कुंडीत माती सगळीकडे पसरून त्यातील अन्नद्रव्ये निघून जातात आणि झाडाला फुटणाऱ्या नवीन मुळ्यांना खाद्य मिळत नाही. कुंडी आतून व्यवस्थित स्वच्छ करून घ्यावी. पाणी जाण्यासाठी जे छिद्र असते त्यावर फुटक्या कुंडीचा तुकडा ठेवून ते बंद करावे.

झाड कुंडीच्या मध्यभागी ठेवून त्याच्या मुळाभोवती माती काळजीपूर्वक भरावी. अर्थात ही माती कुंडीच्या काठोकाठ भरू नये. तर वरील बाजूस १ ते २ सें. मी. जागा मोकळी ठेवावी. कारण त्यात पाणी घालता येते. कुंडीत माती भरल्यानंतर ती बोटानी दाबून घट्ट करावी. नंतर झाडास भरपूर पाणी देऊन ते अर्ध सावलीत ठेवावे. झाड चांगले रूजेपर्यंत असे ठेवावे.

बाहेर तयार केलेले लहान रोप कुंडीत लावण्यापूर्वी कुंडीतील पाणी जाण्याचे छिद्र बंद करावे. मग ती मातीने भरावी. मातीच्या मध्यभागी मोठी जागा करून त्यात ते रोप लावावे. रोपा शेजारची माती हाताने चांगली दाबावी. कुंडीच्या वरील १ ते २ सें. मी. जागा पाण्यासाठी मोकळी ठेवावी. मग रोपाला भरपूर पाणी देऊन अर्ध सावलीत ठेवावे. तेथे ते चांगले जगल्यावर कुंडी घरात ठेवावी.

पाणी जाण्यासाठी कुंडीला खालील बाजूस छिद्र नसेल तर कुंडीच्या तळाशी २ ते ४ सें. मी. जाडीचा साधारण जाड वाळूचा किंवा रेतीचा थर द्यावा. त्यामुळे पाण्याचा चांगला निचरा होईल.

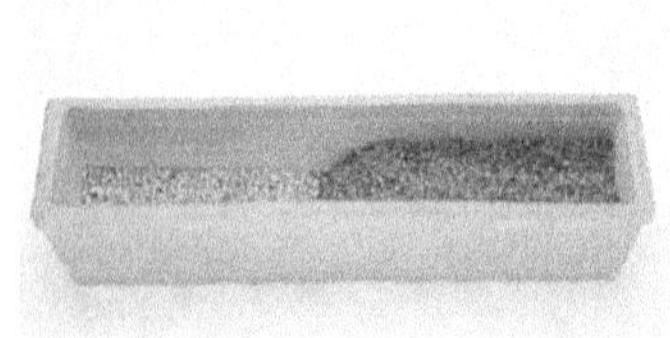

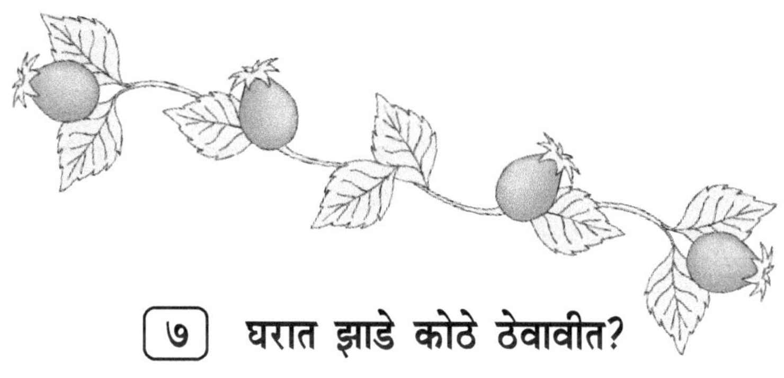

७ घरात झाडे कोठे ठेवावीत?

आपण घरात झाडे कशासाठी ठेवतो? आपणास निसर्गातील वनस्पतींचा आनंद मिळावा म्हणून. यांत्रिक जीवनाचा आपणास अनेकदा कंटाळा येतो. तो घालविण्यासाठी थोडे रानावनात फिरावे, झाडांच्या सान्निध्यात रहावे असे वाटते. परंतु ते अनेकदा शक्य होत नाही. म्हणून मग झाडा-झुडुपांना, वेलींना आपल्या घरातच आणण्याची कल्पना मनात आली आणि त्यातूनच घरात झाडे लावायची पद्धत सुरू झाली. मनाला आनंद, शांती, समाधान, उत्साह देण्याचे काम ही झाडे करतात. आपला थकवा घालविण्याचे, मनावरील ताण कमी करण्याचे काम ही झाडे करतात. यादृष्टीने आपण या घरातील झाडाकडे पाहिले पाहिजे.

आपल्या घरात उत्तम फर्निचर असावे असे बहुतेक सर्वांना वाटते. आपल्या कुवतीप्रमाणे व आवडीप्रमाणे प्रत्येक जण फर्निचर घेतो. परंतु आता काळ बदलत चालला आहे. कोणते फर्निचर घ्यावे, ते कसे असावे, ते कोठे ठेवल्यास अधिक चांगले दिसेल एवढेच नाही तर आपल्या घरात कोणते फर्निचर योग्य आहे, कोणता रंग घ्यावा इत्यादींचे एक शास्त्र आहे. त्याला अंतर्गत सजावट किंवा इंग्रजीत इंटिरियर डिझायनिंग अँड डेकोरेशन असे म्हणतात. परदेशातूनच या गोष्टी बऱ्याच प्रमाणात आपणाकडे आल्या आहेत.

घरात आनंददायक वातावरण कसे निर्माण करावे हे या शास्त्रात महत्त्वाचे असते. अर्थात फक्त फर्निचर आल्हाददायक वातावरण निर्माण करू शकत नाही. जरी तसे झाले तरी ते कायम टिकत नाही. कारण फर्निचर कितीही कल्पकतेने केलेले असले तरी त्याच्या आकारमानात कसलाच बदल होत नाही. त्याच्यात वाढ होत नाही. मनुष्याला सतत बदल हवा असतो. निर्जीव फर्निचरकडून ते शक्य नसते. म्हणूनच मानवाने सजीव झाडे घरात ठेवायला सुरुवात केली. ही झाडे सतत बदलतात, वाढतात, फुलतात, अनेकदा त्याच्या पानांचे रंग बदलतात. त्यामुळे आपल्या घरात एक प्रकारचे आल्हाददायक वातावरण निर्माण होते. चैतन्य निर्माण होते. मानवी मन आनंदी ठेवायला त्याची गरज असते. म्हणूनच सध्या घरातील

झाडे अंतर्गत सजावटीचा एक भाग झाला आहे.

घरातील झाडे कशा प्रकारच्या कुंड्यात, भांड्यात लावावीत याचीही एक पद्धत आहे. त्याची माहिती आपण घेतली. सर्वसाधारण व्यक्ती ही झाडे मातीच्या कुंड्यात लावणार. परंतु या कुंड्या घरात जशाच्या तशा ठेवू नयेत. अनेकदा त्या गेरूने रंगवितात. तरीही त्यावर काही वेळा बाहेरून डाग दिसतात. ऑईलपेंटने त्या रंगवू नयेत. कारण त्यामुळे कुंड्यांची सर्व छिद्रे बुजतात आणि त्याचा वाईट परिणाम झाडावर होतो. म्हणून कुंड्या दुसऱ्या भांड्यात ठेवाव्यात. त्याला प्लँटर्स म्हणतात. प्लँटर्स तांब्या-पितळेची असल्यास ती चकचकीत ठेऊन झाडांच्या सौंदर्यात भर टाकता येते. लाकडी पट्ट्यांचीही छान प्लँटर्स बनविता येतात. अनेक प्रकारची प्लँटर्स बनविता येतात.

आता ही झाडे कोठे ठेवावीत हा विचार करणे महत्त्वाचे आहे. झाडे ठेवण्यासाठी आपल्या घरात भरपूर जागा असते. फक्त कलात्मक दृष्टीने ती ठेवणे महत्त्वाचे आहे. व्हरांड्यात, जिन्यांच्या पायऱ्यांवर, खिडकीजवळ घरातील झाडे ठेवल्यास त्यांना हवा, प्रकाश आणि काही प्रमाणात सूर्याचे ऊन मिळू शकते. कारण आपणाप्रमाणेच झाडांनाही पाणी, हवा, अन्न, प्रकाश व ऊन आवश्यक असते. आपल्या बैठकीच्या खोलीत किंवा दिवाणखान्यात आपले बरेच फर्निचर असते. त्या फर्निचरच्या मांडणीला योग्य दिसेल अशा प्रकारे ही झाडे ठेवावीत.

आपणाकडे थोडी सौंदर्यदृष्टी असेल तर आपल्या घरातील अनेक जागा या झाडासाठी योग्य दिसतील. फक्त बैठकीच्या खोलीतच सर्व झाडे ठेवून चालणार नाही. बाथरूममध्ये आरसा असतो. त्याच्या जवळ एखादी त्रिकोणी फरशी बसवून त्यावर छान झाड ठेवता येईल. मात्र अशा झाडाला बाथरूम मधील गरम वाफ लागणार नाही याची काळजी घ्यावी. झोपण्याच्या खोलीत ड्रेसिंग टेबलाजवळ, नक्षीदार स्टँडवर किंवा शेल्फमध्येही छोटे झाड ठेवता येईल. हल्ली अनेक सुरेख, नक्षीदार लोखंडी स्टँड मिळतात. त्या एकाच स्टँडवर अनेक झाडे ठेवता येतात. लोंबकळणारी झाडे अनेक ठिकाणी बांधून खाली सोडता येतात. त्यामुळे घराची शोभा आणखी वाढते.

घरात एकच झाड ठेवता येते किंवा अनेक झाडांचा समूह एका ठिकाणी ठेवता येतो. आपल्या घरातील जागा कशा प्रकारची आहे त्यावर हे अवलंबून असते. आपली भिंत मोठी असेल तर तिच्यासमोर लहान आकाराचे झाड चांगले दिसणार नाही. त्याऐवजी मोठ्या पानांची अनेक झाडे एकत्र असलेली कुंडी ठेवल्यास त्या खोलीची शोभा वाढते. खोली लहान असेल तर लहान झाडाची निवड करावी.

झाडे ठेवताना त्यांच्या उंचीचाही विचार करावा लागतो. ज्या खोलीची रूंदी जास्त आहे, अशा ठिकाणी खबराच्या झाडाप्रमाणे उंच असणारे झाड ठेवावे. एखाद्या

कार्यालयातही फिलोडेंड्रान, ड्रेसिना आणि रबर यांच्यासारखी झाडे ठेवणे योग्य असते. अशा ठिकाणी नाजूक पानांची पाम किंवा फुलांची झाडे योग्य दिसत नाहीत. अशी झाडे लहान खोलीत चांगली दिसतात. तसेच अमरेलिस किंवा ख्रिसेंथिमम यासारखी तांबडी, पिंक किंवा नारिंगी फुले असणारी झाडे किंवा कोलिनस, कॅलेडियम या सारखी गर्द भडक रंगाची पाने असणारी झाडे पांढऱ्या किंवा फिक्कट रंग दिलेल्या भिंतीसमोर ठेवल्यास शोभा वाढते. या उलट भिंतीचा रंग गडद असेल, तर त्यासमोर पांढऱ्या फुलांची पांढरट पानांची झाडे ठेवावीत.

झाडाचा आकार, त्यांच्या पानांचा, फुलांचा रंग व घाट या गोष्टी ध्यानात घेऊन ते कोठे ठेवावे हे ठरवावे लागते. म्हणूनच फर्नसारखी नाजूक व दातेरी पानांची किंवा बिगोनिया सारखी लहान फुले येणारी झाडे आपणास जवळून दिसतील अशी ठेवावीत. अनेक झाडे एकत्र ठेवताना त्यांच्या उंचीकडे लक्ष द्यावे. मागच्या बाजूला उंच झाडे, मध्यम उंचीची मध्यभागी आणि पुढच्या बाजूस कमी उंचीची अशी रचना केल्यास ती अधिक आकर्षक दिसतात. परंतु अशी गटाने एकत्र ठेवलेली झाडे मोठ्या बैठकीच्या खोलीत मध्यभागी ठेवायची असतील आणि ती सर्व बाजूंनी दिसत असतील तर उंच झाडे मध्यभागी, मध्यम उंचीची त्यांच्या भोवती आणि त्यांच्या बाहेरच्या बाजूस कमी उंचीची झाडे ठेवावीत.

भरघोस फुललेली ऑस्टर किंवा ख्रिसेंथिममसारखी झाडे बाहेरून आणून त्या झाडांच्या गटात ठेवल्यास अधिक चांगली दिसतात. परंतु ही मांडणी थोड्या दिवसासाठीच असू शकते. त्या झाडांचा फुलांचा बहार संपल्यावर ती पुन्हा त्यांच्या मूळ जागी ठेवावीत. सुंदर फुलांची झाडे, सुंदर पानांच्या झाडासोबत फार चांगली दिसतात. झाडांचा पोत, त्याचा घाट, आकार, रंग आणि पानांची किंवा फुलांची ठेवण लक्षात घेऊन एकसारखी किंवा एकमेकांच्या विरोधातील झाडे एकत्र ठेवल्याने अधिक आकर्षक ठरतात. घरात ठेवावयाच्या झाडांचे सध्या अनेक प्रकार उपलब्ध आहेत. आपल्या आवडीप्रमाणे त्यांची रचना करता येईल.

झाडांच्या प्रकारानुसार ती जमिनीवर, खिडकीत किंवा खिडकीच्या खाली, टेबलवर, पुस्तकांच्या केसवर, ट्रॉलीवर अशा अनेक ठिकाणी ठेवता येतात. एका स्टँडवर दोन किंवा अधिक झाडे ठेवण्याची सोय सध्या झाली आहे. परंतु अशा कुंडीतून पाणी खाली गळणार नाही, गळले तर ते फर्निचर किंवा गालिच्यावर पडणार नाही याची काळजी घ्यावी. झाडे कुंड्यात किंवा इतर कशात ठेवायची याचाही खोलवर विचार करणे आवश्यक आहे.

बैठकीच्या किंवा झोपण्याच्या खोलीत उंच टेबलावर किंवा टीपॉयवर एखादे छान झाड ठेवून खोलीची शोभा वाढविता येते. छोट्या वेली खिडकीत ठेवून खिडकीच्या गजावर वेल चढवून खिडकी सजविता येते. घरात वाढणाऱ्या अनेक

बारीक, नाजूक वेली उपलब्ध आहेत. त्या घरातील खांबावर गोलाकार फिरवून वाढविल्यास सुंदर दिसतात. घरात प्रवेश करावयाच्या मुख्य दरवाजाच्या दोन्ही बाजूस लांबट पानांची झाडे पाहुण्यांचे स्वागत करायला चांगली असतात. दाराच्या चौकटीवर वेल चढविता येतो. बांबूच्या नळकांड्यात छोटे रोप लावून ते सज्जात अडकविल्यास चांगली शोभा येते. जेवणाच्या टेबलावर रंगीबेरंगी फुलांच्या वनस्पती उल्हास निर्माण करतात.

घरातील वनस्पतींची पार्टीशन्स किंवा रूम डिव्हायडर्स चांगली करता येतात. त्यासाठी खाली विटा ठेवून त्यावर वेलीच्या कुंड्या ठेवाव्यात. कुंड्यापासून वरपर्यंत दोऱ्या बांधाव्यात. त्यावर एकाच किंवा निरनिराळ्या प्रकारच्या वेली चढविता येतात. अशा प्रकारचे पार्टीशन फार आकर्षक व नाविन्यपूर्ण वाटेल.

【८】 झाडांची मांडणी कशी करावी?

घरात झाडे कोठे ठेवावीत हे माहित असणे जितके जरूरीचे तितकेच या झाडांची मांडणी कशी व कोठे करावी हेही महत्त्वाचे आहे. या मांडणीत अनेक प्रकार येतात. प्रामुख्याने ते प्रकार पुढीलप्रमाणे आहेत. (१) एका झाडाची कुंडी (२) अनेक कुंड्यांची मांडणी (३) टेबलावरील किंवा ट्रॉलीवरील मांडणी

एका कुंडीची मांडणी

अनेकांच्याकडे एखाद्या झाडाचीच कुंडी असते. परंतु अशी ही कुंडी आकर्षक झाडाची असावी. ती अशा ठिकाणी ठेवावी की त्याकडे येणाऱ्यांचे लक्ष वेधले पाहिजे. त्यासाठी कुंडी आकर्षक असावी आणि ठेवायची जागा योग्य व पुरेसा प्रकाश मिळणारी हवी.

ज्या खोलीत आपण हे झाड ठेवणार आहोत ती खोली कोणत्या आकाराची आहे, हे लक्षात घेऊन कुंडीतील झाडाची निवड करावी. हे झाड त्या खोलीत अशा ठिकाणी ठेवावे की त्याने खोलीचे सौंदर्य खुलेल. अशा प्रकारची अनेक झाडे आहेत. त्यासाठी खालील झाडांचा वापर करता येईल. शक्यतो हे झाड रबरप्लँटप्रमाणे उभट असावे.

१. रबर प्लँट २. ड्रेसीना ३. ऑरोकेरिया- ख्रिसमस ट्री ४. डिफेनबेकिया
५. मॉन्स्टेरा ६. युक्का ७. पाम ८. फिलॉडेन्ट्रान

वरील पैकी मॉन्स्टेरा किंवा फिलॉडेन्ट्रान या वेली आहेत. कुंडीत मॉसने गुंडाळलेली काठी रोवून त्यावर ही ठळक पानांची वेल चढविल्यास अधिक शोभा येते. या झाडांची सविस्तर माहिती पुढे दिली आहे. रेक्साबिगोनिया, कॅलेंदियम यासारख्या आकर्षक रंगाच्या पानांची कुंडी ठेवूनही खोलीला अधिक शोभा आणता येते.

अनेक कुंड्यांची मांडणी

ठळक झाडांची एकच कुंडी घरात ठेवण्याऐवजी वेगवेगळ्या झाडांच्या कुंड्या गटाने मांडल्यास त्याचा अधिक चांगला परिणाम होतो. त्या छान दिसतात. त्यामुळे

खोलीची शोभा अधिक वाढते. जागेला उंचीचा उठाव येण्यासाठी मागे उंच झाडांच्या कुंड्या मांडाव्यात. लहान पानांची झाडे एकटी डोळ्यात भरत नाहीत. परंतु ती अशी एकत्र ठेवल्याने अधिक परिणामकारक होतात.

अशाप्रकारे कुंड्या एकत्र मांडल्याने त्यांना पाणी देणे, औषधांची फवारणी करणे याबाबी सोयीच्या व सोप्या होतात. कोणत्या झाडांच्या कुंड्यांचा गट एकत्र करावा याबद्दल काही विशिष्ट नियम नसले तरी त्यांतील झाडांची पाण्याची, प्रकाशाची गरज सारखी असल्यास सोयीचे होते.

या मांडणीत पार्श्वभूमीला उंच झाडे व त्यापुढे छोटी आकर्षक पानांची झाडे मांडतात. एखादी वेलही सोडतात. अशा गटवार रचनेत शोभेच्या पानांच्या कुंड्यांची मांडणी करतात. त्यामुळे फुले येणाऱ्या झाडांच्या कुंड्या मांडून त्यातून वेगवेगळी रंगसंगती साधतात.

उथळ व पसरट ट्रे मध्ये एकत्र कुंड्या मांडण्याचीही पद्धत आहे. अशा कुंड्यात रंगीत पानांच्या, फुले देणाऱ्या झाडांच्या कुंड्या मांडून त्यातून वेगवेगळ्या रंगाची जादू साधली जाते. या कुंड्यांचा एकत्रित परिणाम फार चांगला होतो.

एकाच भांड्यात अनेक झाडे

ज्याप्रमाणे एकाच ठिकाणी अनेक कुंड्या ठेवायची पद्धत आहे, त्याचप्रमाणे

एकाच मोठ्या कुंडीत किंवा खास भांड्यात अनेक झाडे लावून फार मनमोहक दृश्य निर्माण करता येते. झाडे एकत्र लावल्याने ती अधिक चांगली वाढतात. कारण अशा वेळी एका झाडाने बाहेर टाकलेली आर्द्रता शेजारच्या झाडास मिळते. त्यामुळे वाढीस योग्य हवामान तयार होते.

या प्रकारात झाडे वेगवेगळ्या प्रकारची असली तरी त्यांच्या वाढीच्या सवयी सारख्या असणे आवश्यक आहे. तशाच झाडांची निवड करणे महत्त्वाचे आहे. एकाच प्रकारची झाडे एकत्र लावल्याने त्या सर्व झाडांचा रंग, त्यांच्या पानांचा, फुलांचा रंग सारखाच असल्याने एकूण परिणाम फार चांगला होतो. किंवा एकाच प्रकारच्या वाढीच्या सवयीची परंतु वेगवेगळ्या पानांची, फुलांची, रंगाची झाडे

एकत्र लावल्याने वेगवेगळे रंग, ठेवण उठून दिसते.

सुरुवातीस ही झाडे वेगवेगळ्या कुंड्यात वाढवावी लागतात. नंतर त्यातून ती काढून एकाच मोठ्या कुंडीत, भांड्यात लावावीत. अर्थात ही झाडे तात्पुरती एकत्र लावायची असतील तर वर सांगितल्याप्रमाणे कुंड्यांची रचना करून मोठ्या भांड्यात ठेवावीत. ही झाडे ठेवण्यासाठी खोल भांडे घ्यावे. त्यामुळे रोपातील माती लवकर सुकणार नाही. त्या भांड्याला खाली छिद्र नसल्यास सच्छिद्र माती तळाशी जमते. त्यात झाडांची वाढ चांगली होते.

टेबलावरील किंवा ट्रॉलीवरील रचना

आपण टेबलावर अनेकदा फुले फुलदाणीत ठेवतो. आता फुलांची, सुंदर पानांची कुंडी ठेवण्याची पद्धत सुरू झाली आहे. त्याप्रमाणे फिरत्या ट्रॉलीवर कुंड्या ठेवल्याने आपणाला हव्या त्या ठिकाणी ही ट्रॉली नेऊन तेथील शोभा वाढविता येते. ट्रॉलीवरील कुंड्यांना पाणी देणे सोईचे असते. तसेच पाहिजे तेव्हा त्यांना सूर्यप्रकाशात नेणे शक्य असते.

झाडे मांडणीची काही तत्त्वे

घरातील झाडांच्या मांडणीची काही मूलभूत तत्त्वे आहेत. झाडांची मांडणी म्हणजे ती झाडे ज्या कुंडीत किंवा भांड्यात लावली आहेत त्या सर्वांची एकत्र मांडणी करणे. म्हणून कुंडीत लावलेली निरनिराळ्या प्रकारची झाडे एकत्र कशी दिसतात हे पाहणे महत्त्वाचे आहे. झाडे समोरून पाहिल्यास त्यांचा एकत्र गट आकर्षक दिसला पाहिजे हे ध्यानात ठेवावे. सर्वसाधारणपणे लहान झाडापेक्षा मोठ्या झाडाकडे अधिक लक्ष जाते. परंतु काही झाडांच्या पानांचा आकर्षक रंग, घाट व पोत असतो. त्यामुळे त्यांच्याकडे त्वरित दृष्टी वळते. म्हणून असे आकर्षक झाड लहान असले तरी ते दुसऱ्या कमी आकर्षक पण मोठ्या झाडापेक्षा अधिक लक्ष वेधून घेते.

प्रमाणबद्ध किंवा बांधेसूद मांडणी

झाडांच्या या मांडणीत दोन एकसारखी झाडे दोन्ही बाजूला आणि मध्ये मोठे झाड ठेवतात. उदा. दोन्ही बाजूला लहान कुंडीतील क्रिपींग फिग्स ही झाडे ठेवून त्यांच्यामध्ये मोठ्या कुंडीतील नॉरफोक आयलंड पाईन हे झाड ठेवल्यास फार आकर्षक दिसते.

अप्रमाणबद्ध मांडणी

वरील मांडणीच्या उलटी ही मांडणी असते. त्यात एका बाजूला मोठे झाड आणि त्याच्या शेजारी दोन लहान झाडे जवळ जवळ ठेवल्यास एक चांगले दृश्य निर्माण होते. वरील मांडणीमधील मोठे झाड एका बाजूला आणि त्याच्या शेजारी असलेली दोन लहान झाडे त्याच्या एकाच बाजूला पण जवळजवळ ठेवावीत. त्यामुळे ती आकर्षक दिसतात.

विरोधाभास मांडणी

ज्याप्रमाणे प्रमाणबद्ध किंवा अप्रमाणबद्ध मांडणी चांगली दिसते, त्याचप्रमाणे त्याच्यातच थोडा विरोधाभास निर्माण केल्यास त्याची आकर्षकता वाढते. त्यासाठी वेगवेगळ्या आकाराची, घाटाची, रंगाची, पोताची झाडे एकत्र परंतु वेगवेगळ्या पद्धतीने ठेवल्यास ती फार आकर्षक दिसतात. अर्थात अशा वेळी झाडे एकसारख्या परिस्थितीत वाढणारी असावीत त्याचप्रमाणे पानांचा रंग किंवा घाट किंवा पोत, झाडांची उंची, ठेवण यापैकी एक किंवा दोन बाबींच विरोधात्मक असाव्यात.

उदा. सरळ वाढणारे, मोठी रूंद, जाड पाने असणारे टिपयुक्त झाड ठेवून त्याच्या शेजारी निरनिराळी छोटी छोटी कॅक्टस ठेवल्यास फार चांगला परिणाम साधतो.

तसेच निरनिराळ्या पोताची झाडे एकत्र ठेवल्याने फार चांगला परिणाम साधतो. उदा. मेडन हेअर फर्न या लहान पानांच्या व वेगळ्या पोताच्या झाडाशेजारी रूंद व हृदयाच्या आकाराच्या पानाचे इमराल्ड रिपलसारखे झाड शोभून दिसते. एकामेका शेजारी ही दोन झाडे ठेवल्याने ती फार आकर्षक दिसतात.

निरनिराळ्या उंचीची किंवा प्रमाणाची झाडे थोड्या अंतरावर एकत्र मांडल्यास तीही चांगली दिसतात. त्यांची ठेवण, पोत सारखा असला तरीही अशी मांडणी छान दिसते.

फुलांच्या निरनिराळ्या रंगाची झाडे एकत्र ठेवल्यास ती फार आकर्षक दिसतात. बिगोनियाची गुलाबी रंगाची फुले असलेली दोन- तीन झाडे जवळ जवळ ठेवून त्यांच्याजवळ पांढऱ्या फुलांचे बिगोनिया ठेवल्यास आकर्षक दिसतात. फुलांच्या बरोबर पानांचे वैविध्य असल्यास शोभा वाढते.

□

९ खिडकीतील बाग

घरात ज्या ज्या ठिकाणी मोकळी जागा असेल त्या त्या ठिकाणी झाडे लावण्याचा प्रयत्न करावा. अर्थात त्या जागेवर झाड ठेवल्यानंतर ते आकर्षक दिसले पाहिजे. म्हणूनच घराच्या खिडकीची जागा अशी झाडे लावण्यासाठी चांगली असते. खिडकीतील आतील किंवा बाहेरची बाजू त्यासाठी वापरता येते. तसेच खिडकीत बसेल अशी पेटीही त्याठिकाणी बसवितात. सध्या अनेक ठिकाणी खिडकीच्या बाहेरच्या बाजूला झाडे लावण्यासाठी सिमेंटच्या जागा घर बांधतानाच तयार करतात.

खिडकीतील झाडांना चांगला सूर्यप्रकाश, हवा मिळते. त्यामुळे तेथील झाडांची वाढ चांगली होते. टेबलावर, ट्रॉलीवर लावलेली झाडेही खिडकीजवळ आणून ठेवता येतात. खिडकीत झाडे लावताना योग्य झाडांची निवड करणे फार महत्त्वाचे असते. ज्या झाडांना भरपूर सूर्यप्रकाश हवा असतो अशी झाडे दक्षिण, पूर्व आणि पश्चिम बाजूच्या खिडक्यात ठेवावीत. परंतु ज्या झाडांना सावलीची आवश्यकता असते ती झाडे उत्तरेच्या बाजूच्या खिडकीत ठेवावीत. तसेच ज्या झाडांना मध्यम

प्रमाणात सूर्यप्रकाश हवा असतो, ती झाडे पूर्व व पश्चिम बाजूच्या खिडक्यात ठेवावीत. काही वेलीही खिडकीत आकर्षकपणे ठेवता येतात. त्या खिडकीतून खाली सोडता येतात. त्यामुळे चांगली शोभा येते.

नवीन इमारत बांधतानाच आपण खिडकीच्या बाहेरच्या बाजूला झाडे लावण्यासाठी सिमेंटची पेटीसारखी खोल जागा बांधून घ्यावी. त्यात चांगल्या रंगाची विविध प्रकारची झाडे लावून इमारतीची शोभा वाढविता येते.

ज्यांनी घर बांधताना अशा सिमेंटच्या बॉक्सेस करून घेतल्या नाहीत, त्यांना लाकडाच्या बॉक्सेस करून घेता येतील. मग ती खिडकीच्या बाहेर बसविता येते. या बॉक्सच्या वरच्या बाजूस ४१-४५ सें.मी. रूंदी आणि तळाला ३० सें.मी रूंदी असावी. तसेच त्यांची खोली २० ते २५ सें.मी. ठेवावी. खिडकीच्या लांबीवर त्याची लांबी ठेवावी. परंतु सर्वसाधारणपणे १ ते १.२५ मीटरपेक्षा अधिक लांबी नसावी.

अर्थात हे सर्वसाधारण प्रमाण आपल्या खिडकीच्या आकारानुसार आहे. या बॉक्सची लांबी, रूंदी, खोली बदलू शकते. खिडकी मोठी असेल तर एका ऐवजी दोन पेट्या तयार करून घ्याव्यात.

या लाकडी पेट्यांना आतील बाजूने वॉटरप्रूफ रंग द्यावा. बाहेरून शक्यतो पांढरा किंवा भिंतीचा असेल तो रंग द्यावा. त्यातून पाणी वाहून जाण्यासाठी पेटीच्या खाली मोठी छिद्रे ठेवावीत. त्यांना बुचे लावावीत. त्यानंतर त्या पेटीत ३ भाग पोयटा माती आणि १ भाग कुजलेले पानांचे व शेणखत भरावे. पाण्याचा योग्य निचरा होण्यासाठी मातीच्या प्रकारानुसार थोडी वाळूही भरावी.

सर्वसाधारणपणे हंगामानुसार या पेटीत बी टाकून रोपे तयार करतात. किंवा तयार रोपे अगर रोपटी लावतात. ते शक्य नसल्यास रोपासह कुंड्या या पेटीत ठेवतात. ही चांगली पद्धत आहे. कारण आपणास नको असलेली खराब झालेली रोपे बाहेर काढून त्याठिकाणी दुसरी ताबडतोब लावणे शक्य असते. अशाप्रकारे या पेटीत हंगामानुसार निरनिराळ्या फुलांची रोपे लावून खिडकीला आणि घराला शोभा आणता येते. पेटीतील कुंड्या दिसणार नाहीत. फक्त झाडेच दिसतील एवढ्या खोलीच्या या पेट्या असाव्यात. यात ठेवलेल्या कुंड्यातील माती, रोप बदलता येते.

४६ सें.मी. रूंदीच्या पेटीत २० ते २५ सें.मी ची एक आणि १५ सें.मी ची दुसरी अशा कुंड्यांच्या दोन ओळी ठेवता येतात. पेटीच्या पुढील बाजूला बुटकी किंवा लोंबकळणारी झाडे लावावीत. तर आतील बाजूस उंच झाडे लावल्याने ती अधिक आकर्षक दिसतील.

वार्षिक किंवा हंगामी झाडे याठिकाणी लावता येतात. अर्थात वर्षभर टिकणारी

झाडे अधिक योग्य असतात. याठिकाणी झाडांची फक्त उंचीच बघून चालत नाही तर त्याचबरोबर फुलांचा रंग, आकार आणि फुले येण्याची वेळ या गोष्टीही पहाव्या लागतात. खिडकीत भरपूर ऊन आहे की फार सावली आहे हे पाहून रोपांची निवड करावी.

जर रोपट्यांना भरपूर ऊन मिळत असेल तर उंच किंवा मध्यम उंचीची फुलांची झाडे लावावीत. उदा. चायना ॲस्टर, कार्नेशन, फ्लॉक्स, स्टॉक्स, व्हर्बेना, जरबेरा, डायेंथस इ. पेटीच्या पुढील बाजूस कमी उंचीची झाडे लावण्यासाठी यांचा उपयोग करावा- पॅन्सी, व्हायोला, एजरेटम, ॲलीसम इत्यादी. उन्हाळ्यात व पावसाळ्यात गेलॉर्डीया, बुटके सूर्यफूल, बाल्सम, फ्रेंच झेंडू, झिनीया, अमरीलीस, डेलीली आणि गुलछडी ही उंच रोपे मागील बाजूस लावावीत. तर पुढील कडेला झिनिया, लिनिरिस, पोर्तुलाका, रूटोरेनिया इत्यादी लावावीत.

त्या पेटीवर पूर्ण सावली किंवा थोडी सावली येत असेल तर मग पुढील फुल-झाडांची निवड करावी- साल्व्हिया, सिनेरेरिया, जिरॅनियम, बिगोनिया, पॅन्सी, व्हायोला इत्यादी. याशिवाय सुंदर पानासाठी मारांटा, ॲस्परेगस, ड्रेसिना, ॲस्पिडिस्ट्रा, कॅलॅडियम, कोलिअस, क्रोटॉन, रबर झाड इत्यादी लावावीत. याशिवाय पूर्ण सावली किंवा थोड्या सावलीत पुढील झाडेही चांगली येतात- मनी प्लँट, झेब्रिना पेंडूला, सन्सेव्हिएरिया आणि इतर कॅक्टस आणि सक्युलंटस प्रकारची झाडे चांगली येतात.

पेटीच्या पुढील बाजूवरून खाली सोडण्यासाठी पुढील रोपांचा, वेलींचा

उपयोग करावा. त्यांची पानेही छान असतात- फिक्स प्युनिला, फिलोडेंड्रान, कॉर्डेटम, स्किंडॅप्सस झेब्रिना, पेंकडुला. पेटीवर भरपूर सूर्यप्रकाश येत असेल तर लहान (मिनिएचर) गुलाबही चांगले वाढतात. ज्यांना सुगंधी फुलझाडे हवी असतील त्यांनी स्टॉक्स, व्हर्बेना, पॅन्सी, व्हायोला, वॉलफ्लॉवर, गुलछडी, नारकोरीअस, ॲलीसम, इत्यादी झाडे निवडावीत.

१० घरात निसर्ग

घरातील बागेत टेबलावरील बागेचे फार महत्त्व आहे. डिश, बाऊल, ट्रोण, मत्स्यालयाचे भांडे, काचहंडी किंवा बाटली इत्यादीमध्ये लहान लहान आकर्षक झाडे लावून घरातील शोभेसाठी सुंदर निसर्गदृश्य तयार करता येते. ही छोटी बाग टेबलावर मांडता येते.

आपल्या सौंदर्याच्या आणि कलात्मक गुणांना वाव देणारी टेबलबाग आहे. वाळवंट किंवा अरण्याचे दृश्य किंवा पर्वत व खडक बाग किंवा औपचारिक बागेचे दृश्य इत्यादी तयार करून निसर्गदृश्य निर्मिती करता येते. अशा या लहान बागेत मोठ्या बागेची अल्पाकृती उभारता येते. या बागेत स्लेट पाटीचे लहान तुकडे वापरून बागेतली बाह्य रचना करता येते. तर बिया पेरून हिरवळ तयार करता येते. ती लहान कात्रीने कापून चांगली ठेवता येते. लहान फुलांचे ताटवे बनविता येतात. अशी ही महान निसर्गदृश्ये खिडकीत, पुस्तकांच्या रॅकवर, स्वयंपाकघरातील फळीवर इत्यादी ठिकाणी ठेवून शोभा वाढविता येते. अशाप्रकारचा निसर्गाचा देखावा किंवा बाग एखाद्या लाकडी स्टॅंडवर बसवून कोपऱ्यात ठेवतात. आवश्यकता भासेल तेव्हा त्याला व्हरांड्यात आणून सूर्यप्रकाश मिळण्याची व्यवस्था करता येते. अशाप्रकारे निसर्गाला अल्प प्रमाणात का होईना आपल्या घरात आणता येते. ते निसर्गदृश्य पाहून आनंद न वाटणारा

माणूस विरळाच! अशी ही बाग घरातच सजविल्याबद्दल कौतुक करणारे कित्येक असतात. त्याच्यात जे समाधान मिळते, त्यापासून जो आनंद मिळतो, त्याची किंमत पैशात करणे अवघड आहे.

☐

११ डिश गार्डन

घरातील झाडे कशात लावावीत, कशी लावावीत हे आपणही अनुभवाने ठरवू शकाल. आपणाकडे पुष्कळ पसरट डिश असतात. त्यातही आपण छान बाग करू शकाल. डिशची निवड करणे महत्त्वाचे आहे. डिशचा आकार गोल, चौरस, चौकोनी, लंब वर्तुळाकार किंवा कसाही असो. परंतु तिची खोली किमान १० सें.मी असावी. कारण तिच्यात माती घालायची असते. त्यात झाडे लावायची असतात.

अशा प्रकारच्या डिशमधून जादा पाणी वाहून जाण्यासाठी खाली छिद्रे नसतात. त्यामुळे अधिक पाण्याने झाडांना इजा होण्याची भीती असते. म्हणून जादा पाणी वाहून जाण्यासाठी अशा डिशेसना खाली छिद्रे पाडून घ्यावीत. जर छिद्रे पाडणे शक्य नसेल तर डिशच्या तळाला बारीक खड्यांचा एक थर द्यावा. त्यातून पाणी जाऊ शकेल. त्यावर कोळशाचे तुकडे टाकावेत. त्यामुळे माती ओलसर होते. दगडावर शेवाळ्याचा पातळ थर ठेवावा. त्यामुळे दगडांच्यामध्ये माती जाणार नाही.

डिशला योग्य असतील अशी लहान झाडे त्यामध्ये लावावीत. काही वेळा उथळ डिशमध्ये वाळवंटाचे दृश्य तयार करता येते. त्यासाठी डिशमध्ये लहान कॅक्टस व सक्युलंटस लावावीत. त्यांच्यामध्ये दगडाचे लहान तुकडे, वाळू टाकावी. ही डिश खिडकीत ठेवता येईल. किंवा ज्या ठिकाणी प्रकाश चांगला येतो अशा बैठकीच्या खोलीत ठेवता येईल. शक्यतो कॅक्टस आणि सक्युलंटस एकत्र न लावता वेगवेगळ्या डिशमध्ये लावावीत. तसेच एकाच ठिकाणी फार झाडे लावून गर्दी करू नये. झाडाच्या वाढीसाठी मोकळ्या जागेची आवश्यकता असते. फुले येणारी काही कॅक्टस लावल्यास अधिक आकर्षकपणा येतो.

डिशमध्ये लावण्यासाठी झाडांची योग्य निवड करणे महत्त्वाचे असते. झाडांचा आकार, ठेवण, वाढीची आणि फुले येण्याची सवय, खोड, पाने किंवा फुले यांचा रंग आणि फुले येण्याची वेळ या सर्व बाबींचा विचार करून झाडांची निवड करावी. फुले येणारी कॅक्टसची काही झाडेही लावावीत. उंच झाडे मागील बाजूस आणि

लहान झाडे पुढील बाजूस लावल्याने आकर्षकता वाढते.

चकाकणाऱ्या किंवा मातीच्या डिशेस वापरता येतात. परंतु मातीच्या डिशेस सच्छिद्र असल्याने त्या अधिक फायदेशीर ठरतात. आपल्या सोईप्रमाणे डिशचा आकार ठेवावा. परंतु ती फार मोठी नसावी.

फुले येणाऱ्या कॅक्टसमध्ये लोबोब्लिया, पॅरोडिया, नोटोकॅक्टस, मॅमीलेरिया, ब्रॉझीकॅक्टस, रेब्यूटिआ, होलेओसिरिअस इत्यादी कॅक्टस डिशमध्ये लावण्यास उपयुक्त आहेत. यापैकी ब्रॉझीकॅक्टस व होलेओसिरिअस ही उंच असतात. मागील बाजूस लावण्यास ती अधिक चांगली आहेत. तसेच उंच व फुले येणाऱ्या सक्युलंटसमध्ये पुढील जाती डिशमध्ये लावण्यास योग्य आहेत- कोटीलेडॉन, क्रॅसुला, युकोर्बिया मिली, गॅस्टेरिया, कॅलॅन्चू, ब्रायोफायलम, सेडम, आळू इ. कमी उंचीच्या आणि फुले येणाऱ्या सक्युलंटसमध्ये हॅवोर्थिया आणि इचेव्हेरिया ही मोडतात. फेरोकॅक्टस, ओरिओसिरस, ओपूनशिया, इचिनोकॅक्टस, ट्रिचोसिरिअस, सिरिअस आणि सिफेलोसिरिअस यांना फार क्वचित फुले येत असली तरी ती आकर्षक असतात.

कॅक्टस व सक्युलंटसना योग्य प्रमाणात पाणी देणे फार महत्त्वाचे आहे. कारण या झाडांच्या बुंध्याशेजारी पाणी फार झाले किंवा ते साठले तर त्यामुळे ती झाडे कुजतात, अशक्त होतात आणि मरतात. योग्य प्रकाश व आर्द्रता आणि योग्य प्रमाणात पाणी ही त्यांच्या यशस्वी लागवडीची गुरूकिल्ली आहे.

☐

१२ काचहंडीत शोभेची झाडे

माणसाची कल्पना शक्ती अफाट आहे. साध्या कुंडीत, भांड्यात झाडे लावता लावता त्याने काच हंडीत ज्याला इंग्रजीत टेरारियम म्हणतात त्यातही शोभेची झाडे लावली. छोट्या जागेत सुरक्षित पद्धतीने बाग करण्याची ही सोपी पद्धत आहे. काच हंडीतील झाडे जगेपर्यंत काळजी घ्यावी लागते. परंतु एकदा झाडे जगली की त्याकडे फार लक्ष दिले नाही तरी चालते.

झाडे लावण्याच्या काच हंडीचा आकार आपल्या सोईनुसार घ्यावा. १ मीटर लांब × ०.५ मीटर रूंद आणि ०.५ मीटर उंच अशा आकाराची काचहंडी योग्य असते. मासे पाळण्यासाठी आपण जी काचेची केस वापरतो त्याच्यातही अशी झाडे लावता येतात.

काच हंडीच्या वर झाकण असते. ते मधून मधून उघडून झाडांना हवा मिळते. त्यामुळे झाडांची वाढ चांगली होते. काचहंडी हवा बंद असल्याने त्यातील झाडांना वरचेवर पाणी घ्यावे लागत नाही. कारण झाडांच्या उत्सर्जनातून आणि मातीतील आर्द्रतेच्या बाष्पीभवनातून निर्माण झालेली आर्द्रता हंडीच्या काचेवर साठून ती पुन्हा मातीला व झाडांना मिळते.

काच हंडीच्या खालच्या बाजूला छिद्रे पाडून जादा झालेले पाणी काढून टाकावे. छिद्रे नसतील तर यातील झाडांना फार काळजीपूर्वक पाणी घ्यावे. जरूरीपेक्षा अधिक पाणी झाडात साठणार नाही याची काळजी घ्यावी. छिद्रे नसलेल्या हंडीत तळाशी माती टाकण्याच्या अगोदर वाळू आणि ६५ मि.मी आकाराचे कोळशाचे तुकडे टाकावेत. या थराची जाडी ३ ते ६ सें.मी. इतकी असावी. यात टाकावयाच्या मातीच्या मिश्रणात १ भाग मातीचा, १ भाग कुजलेल्या पानांच्या खताचा आणि १ भाग वाळूचा असावा. हंडीतील मिश्रणाचा भाग एका बाजूला उंच हवा असल्यास त्या बाजूला दगडाचे मोठे तुकडे टाकून त्यात मातीचे मिश्रण भरावे.

काच हंडीसाठी प्रयोगशाळेत मिळणाऱ्या कॉर्बीय (मोठ्या पोटाची व बारीक तोंडाची हंडी) धुवून स्वच्छ करावी. काचहंडीच्या तोंडातून झाडे आत जातील एवढे

मोठे त्याचे तोंड असावे. जर हंडी रंगीत असेल तर ती अधिक चांगल्या प्रकाशात ठेवावी. बिनरंगाच्या हंडीला कमी प्रकाश चालतो. अर्थात बिनरंगाच्या हंडीतून झाडे चांगली दिसतात.

एकदा हंडीत झाडे लावली की त्यांची छाटणी करणे अवघड असते. म्हणून सावकाश वाढणाऱ्या झाडांची निवड करावी. त्यामुळे हंडीतील झाडे एक किंवा अधिक वर्षे चांगली राहतात. विविध रंगाच्या व आकाराच्या पानांच्या झाडांची त्यात लागवड करावी.

हंडीत झाडे लावणे

स्वच्छ केलेल्या काचेच्या हंडीत झाडे लावण्यासाठी जाड कागदाचे नरसाळे (फनेल) करावे. एका लाकडी दांड्याला चमचा व दुसऱ्या दांडीला काटेचमचा बांधावा. त्यामुळे निमुळत्या बाटलीच्या तोंडातून झाडे आत सोडता येतात.

झाडे लावण्यापूर्वी ती कोणती व कशी लावायची याचा आराखडा तयार करावा. हंडीतील बगिच्यासाठी सावलीत वाढणारी रोपे निवडावीत. त्यात विविध प्रकारचे फर्न, पेपरीनिया, डायफन बाकिया, ॲग्लोनिमा, ड्राकेना, मरांटा, पिलया,

ऑस्पेरगस क्लोरोफायम, ॲल्युमिनियम प्लँट, कॅक्टस व सेक्युलंसटच्या अनेक जाती योग्य असतात. यापैकी आपल्या आवडीची चार-पाच झाडे हंडी बागेसाठी निवडावीत. ही सर्व तयारी झाल्यानंतर मातीचे मिश्रण चांगले ओले करावे. त्यानंतर सुमारे ३ आठवड्यात त्यावर तण उगवते. उगवलेले तण काढून टाकावे. त्यापुढेही आणखी दोन आठवडे तण उगवण्याची शक्यता असते. पाच आठवड्यानंतर तण उगवत नाही. सर्व तण काढून टाकावे. आता ही माती हंडीत भरण्यास योग्य झाली.

त्यानंतर जाड कागदाचे नरसाळे हंडीच्या तोंडातून खालपर्यंत घालावे. त्याच्यातून प्रथम विटकर आणि कोळसा यांची पूड तळाला सगळीकडे टाकावी. या मिश्रणाचा ३-४ सें.मी. उंचीचा थर हंडीत तयार करावा. नंतर या थरावर ९ ते ११ सें.मी. उंचीचा मातीच्या मिश्रणाचा थर नरसाळ्यातून माती घालून तयार करावा. मातीचे मिश्रण किंचित ओलसर असल्यास ते हंडीच्या कडांना लागत नाही. अधिक ओले असल्यास ते कडांना लागते. नंतर हंडीच्या तोंडातून सहज आत जाऊ शकतील अशा आकाराचे पांढरे गोटे, गारगोट्या किंवा संगमरवरी दगडाचे तुकडे हंडीत टाकावेत. झाडे लावण्यासाठी आता योग्य जमीन तयार झाली.

जमीन तयार झाल्यानंतर त्यात झाडे लावायला हवीत. परंतु हंडीत झाडे कशी लावायची, कोठे लावायची याचा एक आराखडा तयार करावा. वर दिलेल्या झाडातील चार पाच झाडे निवडावीत. हंडीत ही झाडे कशी लावावीत? मातीचा थर घट्ट होण्यासाठी लांब काठीने तो दाबून घट्ट करावा. त्यानंतर काचेच्या हंडीच्या अरूंद तोंडातून लांब दांडीला बांधलेल्या काटे चमच्यांच्या मदतीने आपणास हवी ते झाडे तळाच्या मातीत सोडून दाबून बसवावीत. मध्यभागाच्या किंचित डावीकडे उंच वाढणारे झाड लावावे. मध्यम वाढणारे झाड त्यापुढे व कमी वाढणारे किंवा पसरट वाढणारे झाड उजवीकडे लावावे. आपल्या आवडीनुसार झाडांच्या जागा ठरवाव्यात. झाडांची वाढण्याची पद्धत लक्षात घेऊन वाढ झाल्यावर झाडांची रचना आकर्षक दिसेल अशा पद्धतीने झाडे लावावीत. आत टाकलेल्या संगमरवरी दगडांचे तुकडे व दगडांचे गोटे झाडांना आधार देण्यासाठी वापरावेत. त्यामुळे बागेचे सौंदर्यही वाढते.

आता या हंडीबगीचाला पाणी कसे द्यायचे?

झाडे लावून झाल्यावर रबरी नळी हंडीत सोडावी. तिच्यातून जमिनीच्या झाडाच्या पृष्ठभागाजवळ हळुवार थोडे पाणी द्यावे. रबरी नळी ऐवजी लांब तोटीच्या भांड्याच्या सहाय्यानेही हंडीत अगदी हळू पाणी सोडता येते. खालची माती भिजेल एवढेच मोजके पाणी द्यावे. हंडीतील झाडांना पाणी फार कमी लागते. हंडी मधून मधून उन्हात ठेवावी. हंडीतील झाडे सुकल्यासारखी दिसली तर पंधरा दिवसांनी पुन्हा थोडे पाणी द्यावे. झाडांची सुरुवात आणि मातीचा पृष्ठभाग यामध्ये नळीचे

टोक धरून फार काळजीपूर्वक पाणी द्यावे. तसेच पाणी देताना ते हंडीच्या काचेच्या आतील भागावर उडणार नाही याची काळजी घ्यावी. तसेच आतील माती पानावर उडाल्यास तीही धुवून काढावी.

या बागेला खताची आवश्यकता नसते. परंतु काही वेळा झाडातील टवटवीतपणा कमी झाल्याचे दिसल्यास त्यांना सहा महिन्यातून एकदा चिमूटभर निंबोळीची पेंड कागदाच्या नरसाळ्यातून झाडांच्या तळाशी टाकावी. तण दिसल्यास काटे चमच्याने काढावे. एखाद्या पानावर किंवा टोकावर कीड दिसल्यास ते पान किंवा तो भाग काढावा.

अशी आहे काचेच्या हंडीतील बाग. ही बाग रूंद तोंडाच्या बाटलीतही करता येते. त्यानंतर त्या हंडीला किंवा बाटलीला बूचही लावता येते. बाटलीत झाडांची बाग कशी केली याचे अनेकांना आश्चर्य वाटते. या बाटलीला बूच बसवून त्यावर लॅप होल्डर बसवावा. त्यामुळे हा एक अभिनव, आकर्षक लॅप होल्डर होईल. ही हंडी किंवा बाटली सतत उन्हात ठेवू नये. अर्ध सावलीत ती नेहमी ठेवावी.

□

१३ लोंबकळणाऱ्या टोपल्या (हँगिंग बास्केट)

फुले कोणाला आवडत नाहीत? आजारी माणसालाही फुले पाहिली की आनंद होतो. त्याच्या मनातील दुःख, निराशा, वैताग दूर होऊन त्याची जगण्याची इच्छा, उत्साह, आनंद निर्माण करण्याची शक्ती फुलामध्ये असते. म्हणूनच आपण आजारी माणसाला भेटायला जाताना फुले किंवा फुलांचा गुच्छ नेतो.

सुंदर, आकर्षक फूल पाहिले की दिवसभराचा ताण, थकवा क्षणार्धात दूर जातो. आळसलेले, कंटाळलेले मन ताजेतवाने, टवटवीत, आनंदित होते. आपल्या जेवणाच्या टेबलावर सुंदर फुले असल्यास आपले मन प्रसन्न होते. त्यामुळे आपणास थोडे अधिक जेवण जाते. म्हणूनच जपानी स्त्रिया नवऱ्याला जेवण पाठविताना त्याबरोबर एखादे तरी फूल पाठवितात. फुलाचा महिमा असा आहे. म्हणून आपण घरात झाडे, फुले ठेवण्याची कला शिकतो.

एखाद्या गच्चीतून किंवा गच्चीखालून फुलांनी भरलेली, लोंबकळणारी फुलांची टोपली पाहिली की आनंदित न होणारा माणूस विरळा! म्हणूनच अशी ही फुलांची टोपली कशी करायची हे माहित करून घेणे योग्य ठरेल. यालाच हँगिंग बास्केट म्हणतात. सध्याच्या जागेच्या टंचाईच्या काळात, एक-दोन खोलीत संसार मांडलेल्यांना घरात झाडे ठेवणे शक्य नसते. कारण तेवढी जागा नसते. अशावेळी हँगिंग बास्केटचा उपयोग चांगला होतो. कारण ते लोंबकळत असते. जमिनीवरची जागा व्यापत नाही. त्यामुळे घरात अडचण होत नाही.

अशा लोंबकळणाऱ्या टोपलीत लावण्यासाठी पुढील झाडे योग्य असतात.
(१) ॲस्पॅरगस स्प्रिंगेरी (२) पीकॉक फर्न (३) स्ट्रिंग ऑफ बीडस

(४) पिटोनिया (५) एमिनिया (६) सॅक्सीफ्रगा सारमेंटासा (७) स्त्रिंग ऑफ बीडस (८) ट्रेडस्केंशिया (९) सिडम मॉरगॅनियम बरासटेल (१०) फायकस रेडिकन्स व्हेरिगेट (११) क्लोरिफितम कोसोमस (१२) कोलमनिया बॉक्सी (१३) बिगोनिया (१४) क्लेरोडेन्ड्रम (१५) हासो कोरतोस (१६) ऑडियन्टम (१७) मिलियास (१८) इंपेशन्स (१९) लेप्रोनिया (२०) व्हेरिगेटेड आय.व्ही., हिडेरा (२१) रिबन ग्रास (२२) सिल्व्हर सिडम.

याशिवाय आणखी अनेक झाडे सुचविता येतील. त्यातून आपल्या आवडीची झाडे निवडावीत.

उन्हात व संपूर्ण सावलीत येणारी अशी काही हॅंगिंग आहेत. त्यांची माहिती असणे योग्य ठरेल.

उन्हात येणारी

(१) ऑस्परगस स्प्रिंगेरी (२) ट्रेडसकॅन्शिया झेलीना (३) बेबी टिअर्स (४) काही सक्युलंटस (५) काही सिडम

संपूर्ण सावलीत येणारी

(१) फर्नस (२) रिबन ग्रास (जपानी) (३) क्लोरोफायटम (४) स्विडिश आयव्ही (५) हिडेरा (सर्व प्रकार)

वरील प्रकारची हॅंगिंज अर्धवट सावलीत येतात. ज्यावेळी आपण एखाद्या झाडाला ही हॅंगिंज बांधतो त्यावेळी काही वेळा ऊन तर काही वेळा सावली असते. अशा परिस्थितीतही ही हॅंगिंज चांगली येतात. म्हणून ती झाडांना लोंबकळत ठेवण्यात काही अडचण नाही.

ज्या लोंबकळणाऱ्या टोपल्यातील झाडे चारी दिशांनी चांगली वाढलेली असतात त्यांना चांगली हॅंगिंज म्हणतात. सर्वसाधारणपणे तीन फूट खाली लोंबकळणारे हॅंगिंग चांगले दिसते. एखाद्या हॅंगिंगची सर्व बाजूनी चांगली वाढ होते, ते खाली इतके चांगले लोंबकळते की ज्या भांड्यात अगर टोपलीत ते लावले आहे

ते भांडे अगर टोपली त्याने सर्व झाकलेली असते. ते हॅंगिंग चांगले असते.

बेबी सतरोज सारख्या झाडाला लहान पण आकर्षक फुले येतात. अशा फुलामुळे हॅंगिंग फार चांगली दिसतात. मदर ऑफ थाऊजंडस आणि बिगोनिया या प्रकारांनाही सुंदर फुले येतात.

टोपली किंवा भांडे असे भरा

आपले हॅंगिंग टोपलीत, भांड्यात किंवा कुंडीत लावायचे हे निश्चित करावे. त्यानुसार सर्व तयारी करावी. हॅंगिंग लावण्यासाठी माती, शेणखत इत्यादींचे मिश्रण पुढीलप्रमाणे तयार करावे.

एक बादली बारीक माती किंवा पोयटा, एक बादली चाळलेले शेणखत आणि आपल्या एका हाताच्या पंजात जेवढे मावेल तेवढे स्टेरामिल एकत्र करून ते एकजीव करावे. टोपली भरण्यासाठी हे मिश्रण वापरावे.

आपणास हव्या त्या आकाराची टोपली, कुंडी किंवा भांडे घ्यावे. त्यात सर्व बाजूनी शेवाळ (मॉस) भरून घ्यावे. कुंडी असेल तर त्यात शेवाळाचा २.५ सेंमी. थर द्यावा. शेवाळ भरताना ते टोपलीच्या कडांच्या वर एक इंच उंच येईल अशा रितीने भरावे. त्यात माती भरल्यानंतर ती दाबून ठेवावी. त्यामुळे शेवाळ दबले जाऊन टोपलीच्या कडापर्यंत येईल. शेवाळ भरल्यानंतर टोपलीच्या खालच्या बाजूस वाळलेल्या गवताच्या पेंढ्याचा किंवा पालापाचोळ्याचा २.५ सेंमी. जाडीचा थर द्यावा. टोपली जर जाळीची असेल तर तिला सर्व बाजूनी ऑक्सिजन मिळतो आणि झाडाची वाढ चांगली होते. वरीलप्रमाणे तयार केलेले माती-शेणखत इत्यादीचे मिश्रण पेंढ्यावर किंवा पालापाचोळ्यावर टाकावे. या मिश्रणाऐवजी चाळलेले शेणखत, बारीक माती व बारीक केलेल्या पाला-पाचोळ्याचे मिश्रणही घालता येते.

टोपलीत मातीचे मिश्रण भरल्यानंतर त्यात रोप लावण्याचा प्रश्न येतो. रोपे तयार असतील तर ती टोपलीत भरलेल्या माती मिश्रणात दोन इंच खोल लावावीत. झाडांची कटिंग्ज लावायची असतील तर माती मिश्रणात बोटाने खड्डा करून त्याठिकाणी ती कटिंग लावावी. टोपलीच्या आकारानुसार कटिंग्स सर्व भागात गोलाकार लावावीत. त्यामुळे सर्व टोपली भरली जाईल.

कोणती काळजी घ्यावी?

टोपलीत, भांड्यात, कुंडीत झाड लावले म्हणजे आपले काम संपते असे नाही. तर त्यानंतरच कामाला खरी सुरूवात झाली असे म्हणता येईल. त्यादृष्टिने काही महत्त्वाच्या गोष्टींकडे लक्ष दिले पाहिजे.

पहिली महत्वाची गोष्ट म्हणजे हॅंगिंगला भरपूर पाणी घातले पाहिजे. हॅंगिंग बाहेर अडकवलेले असल्याने त्यावर बरीच धूळ साचते. भरपूर पाण्यामुळे झाडाच्या

पानावर बसलेली धूळ धुतली जाऊन पाने टवटवीत दिसतात. तसेच हॅंगिंगला आवश्यक ते पाणीही मिळते.

अनेकदा हॅंगिंगमधील झाडाचे शेंडे वाकडे तिकडे वाढतात. ते कापल्यास झाडास सर्व बाजूनी चांगली फूट फुटून झाड चांगले दिसते. अनेकदा टोपलीत तण उगवते. म्हणून त्याची वरचेवर पहाणी करून तण काढून टाकावे. झाडाच्या चांगल्या वाढीसाठी त्यास खत हवे. म्हणून टोपली भरण्यासाठी जे मिश्रण आपण वापरले तसेच मिश्रण तयार करून ते दर आठवड्यास झाडास थोडे थोडे द्यावे.

अनेकदा झाडावर कीड-रोग आढळतात. विशेषत: पावसाळ्यात हा त्रास बराच होतो. त्यासाठी रोगोर व पाण्यात मिसळणारे गंधक सारख्या प्रमाणात मिसळून ते अर्धा सी. सी. किंवा ५० ग्रॅम औषध एक लिटर पाण्यात मिसळून त्याचा हलकासा फवारा झाडावर मारावा. पावसाळ्यात दर १५ दिवसांनी तर हिवाळ्यात व उन्हाळ्यात एक महिन्याने हे औषध झाडावर फवारावे.

हॅंगिंग कोठे लावावीत?

घरातील कोणतीही जागा न अडविता लावता येणाऱ्या वनस्पती म्हणजे हॅंगिंग होत. ती इतर झाडाना टांगून ठेवता येतात. खिडक्या, दरवाजे यांच्यावरच्या बाजूस आपण सिमेंटचे झाप करतो. कारण त्यामुळे घरात ऊन, पाऊस येत नाही. अशा झापांना हॅंगिंग लोंबकळत ठेवता येतात. त्याशिवाय व्हरांड्यातील व खिडक्यातील आडव्या लोखंडी गजाना अडकवून हॉलमध्ये टांगून ठेवून हॅंगिंग लावता येतात. बाथरूम, संडासमध्ये योग्य जागा असल्यास त्याठिकाणीही हॅंगिंग ठेवता येतात.

आपणाकडे घरात सोईची जागा असल्यास कोपऱ्यात तिवई किंवा आकर्षक स्टँड्स ठेवून त्यावर हॅंगिंग ठेवता येतात. जिना मोठा असेल तर जिन्या शेजारच्या भिंतीवरही ती लावता येतात. जागा आलटून पालटून हॅंगिंग ठेवता येतात. तसेच त्यांचे पार्टीशनही चांगले करता येते. आपण जेवढी कल्पकता वापरू तेवढ्या प्रमाणात हॅंगिंग विविधतेने लावून शोभा वाढविता येते.

हॅंगिंग अनेक प्रकारे तयार करता येते. साध्या बांबूपासून आडवे हॅंगर करता येते. निरनिराळ्या प्रकारानी वायर्स विणूनही हॅंगर करता येतात. बांबूच्या, वेताच्या टोपल्याही हॅंगर म्हणून वापरता येतात. मॅल्कश, लाख, नायलॉन इत्यादीचीही हॅंगर्स मिळतात. पसरट मातीची भांडी किंवा कुंड्या, पत्र्याचे डबे यापासूनही हॅंगर करता येतात. प्लॉस्टिकचे हॅंगरही छान दिसतात. पितळी किंवा इतर धातूंच्या छिद्राच्या टाकावू पट्ट्यापासूनही सुंदर हॅंगर तयार करता येतात. अशा प्रकारे अनेक वस्तूपासून आपण घरातही छान हॅंगर्स करू शकतो. त्यासाठी थोडी कल्पकता वापरली पाहिजे.

□

१४ झाडांची निगा महत्त्वाची

कुंड्यात किंवा भांड्यात झाडे लावली की आपले काम संपत नाही तर ते सुरू होते. कारण त्या झाडांना काय पाहिजे, काय नको, त्यांची वाढ चांगली होते की नाही हे पहावे लागते. त्यांची काळजी घ्यावी लागते. त्यांची निगा राखली पाहिजे.

वनस्पती सजीव असतात. त्यांना काही गोष्टी आवश्यक असतात. त्यात सूर्यप्रकाश, तापमान, आर्द्रता, पाणी देणे, अन्न देणे इत्यादींचा समावेश होतो. घरात ठेवावयाची बहुतेक सर्व झाडे आपणाकडे परदेशातून आली आहेत. आता ती आपल्या वातावरणात रमली असली तरी त्यांची योग्य काळजी घेऊन त्यांची चांगली वाढ करणे महत्त्वाचे आहे.

प्रकाश

सर्व झाडांसाठी प्रकाश अत्यावश्यक असतो. आवश्यक तेवढा प्रकाश नसेल तर झाडांची वाढ चांगली होत नाही. त्यांची पाने लहान होतात, निस्तेज दिसतात. झाडातील फोटोसिंथेसीसच्या क्रियेमुळे झाडाची वाढ चांगली होते. कारण त्यामुळे झाडातील हरितद्रव्यावर प्रकाश पडल्यामुळे ही क्रिया होऊन झाडात कर्बोदके तयार होऊन वाढ चांगली होते. हरितद्रव्य झाडाच्या फक्त हिरव्या रंगाच्या पानातच असते असे नाही, तर ते तांबडा, करडा, जांभळा आणि ब्राँझ रंगाच्या पानातही असते. कारण या रंगाच्या मुळाशी हिरवा रंगच पानात असतो. अर्थात पिवळा, क्रीम किंवा पांढऱ्या रंगाच्या पानात हरितद्रव्य नसते. म्हणूनच रंगीबेरंगी पानांच्या झाडाना अधिक तीव्र प्रकाशाची जरूरी असते. तसे असेल तरच त्यांच्या पानांचे विविध रंग टिकून राहतात.

झाडांच्या प्रकारानुसार प्रत्येक झाडाला वेगवेगळ्या तीव्रतेच्या प्रकाशाची जरूरी असते. त्यांना आवश्यक असलेला प्रकाश घरातील झाडांना मिळेल अशी काळजी घेतली पाहिजे. म्हणून आपल्या घरातील खोलीत कोणत्या वेळी, कोणत्या ठिकाणी, किती प्रकाश मिळतो याचा अंदाज घेतला पाहिजे. अर्थात आपल्या फक्त डोळ्यांनी याचा अंदाज घेणे अवघड असते. म्हणून अगदी योग्य रितीने प्रकाशाचे

मोजमाप करावयाचे असल्यास त्यासाठी फोटो काढताना जे लाईट मिटर वापरतात त्याचा वापर करावा. अर्थात हे सर्वांना शक्य नसते आणि अगदी आवश्यक असते असेही नाही. परंतु एकदा तरी या लाईट मीटरचा वापर करून प्रकाशाचा अंदाज घ्यावा. त्यावरून आपल्या घरात प्रकाशाची तीव्रता किती आहे हे समजेल.

घराबाहेरच्या माने घरात किती कमी प्रकाश असतो हे यावरून लक्षात येईल. घराबाहेर जेवढा प्रकाश असतो त्याच्या निम्माच प्रकाश दक्षिणेकडील खिडकीच्या आत असतो. म्हणून अशा निम्म्या प्रकाशात येणारी झाडे लावली पाहिजेत. तसेच खिडकीपासून आत खोलीत एक मीटर गेल्यास खिडकीतील प्रकाशाच्या फक्त ३/४ प्रकाशच असतो. असे असले तरी घरात झाडे चांगली वाढतात.

प्रकाशाच्या तीव्रतेबरोबरच दिवसातून झाडाला किती वेळ प्रकाश मिळतो किंवा दिवस किती लहान मोठा आहे हेही महत्त्वाचे असते. बहुतेक सर्व झाडाना ८ ते १२ तास दिवसाचा प्रकाश मिळाल्यास त्यांची वाढ चांगली होते.

ॲस्पिडिस्ट्रा, फिलोडेंड्रान, सिनगॅनियम, सन्सेव्हिएरिया इत्यादी झाडांना फार कमी प्रकाश लागतो. तर त्यामानाने रबर प्लँट, क्रोटोन, कोलीअस या हिरव्या आकर्षक पानांच्या झाडांना फार कमी प्रकाश लागतो. तर जिरॅनियम, बेगोनिया, पॉईनसेटिर, कलांचो या फुलांच्या झाडांना अधिक प्रकाशाची आवश्यकता असते. सर्वसाधारणपणे रंगीबेरंगी रंगीत पानांच्या झाडापेक्षा हिरव्या रंगाच्या पानांच्या झाडाना कमी प्रकाश हवा असतो. ज्या झाडाना भरपूर प्रकाश लागतो ती झाडे दक्षिणेकडील खिडकीजवळ ठेवावीत. ज्याना मध्यम प्रकाश लागतो ती पूर्व व पश्चिम बाजूच्या खिडकीजवळ ठेवणे योग्य असते. ज्या झाडाना सावलीची आवश्यकता आहे ती झाडे खोलीच्या उत्तरेकडील बाजूस ठेवावीत.

आवश्यकतेपेक्षा कमी प्रकाश मिळालेली झाडे रोगट, कमकुवत वाढीची, निस्तेज पानांची आणि कमी वाढीची दिसतात. त्यामुळे झाडांची जून पाने गळून पडतात तर नवीन पानांचा आकार लहान होतो. ड्रेसिना, डिफेन बॅचिया आणि फिलोडेंड्रान यासारखी अर्धवट सावलीत किंवा सावलीत येणारी झाडे प्रखर प्रकाशात ठेवल्यास त्यांची पाने उन्हाने करपतात. त्यावर चट्टे पडतात आणि नंतर तांबूस होऊन वाळतात. म्हणून झाडाना योग्य प्रकाश मिळणे फार महत्त्वाचे आहे.

सर्वसाधारणपणे फुले लागणाऱ्या झाडाना अधिक प्रकाशाची जरूरी असते. हा जादा प्रकाश कळी तयार होऊन ती चांगली वाढण्यासाठी आवश्यक असतो. त्यामानाने फुले न येणाऱ्या झाडांना कमी प्रकाश पुरेसा होतो.

झाडे प्रकाश कसा मिळवितात?

बहुतेक सर्व झाडे प्रकाश मिळविण्यासाठी त्यांची पाने प्रकाशाच्या उगमाकडे

वळवितात. त्याना अपवाद म्हणजे सॅन्सेव्हीएरिया गटातील झाडे, अनेक पाम, ड्रेसिना गट आणि लहान गुलाबाच्या आकाराची झाडे. ज्या खोलीतील भिंतींचा रंग पांढरा किंवा फिक्कट असतो अशा भिंतीवरील प्रकाश पुन्हा झाडावर परावर्तित होतो. परंतु ज्या भिंतींचा रंग गर्द आहे त्या भिंतीत प्रकाश शोषला जातो. त्यामुळे झाडांची पाने प्रकाशासाठी खिडकीच्या दिशेकडे वळतात. झाडांची ही नैसर्गिक सवय कमी होऊन झाड समतोलपणे सरळ वाढण्यासाठी झाडे एकसारखी जागेवरच फिरविली पाहिजेत.

कृत्रिम प्रकाश

झाडांना जर पुरेसा सूर्यप्रकाश मिळत नसेल तर त्याना कृत्रिम सूर्यप्रकाश द्यावा लागतो. लाईट ट्यूब किंवा स्वच्छ बल्ब किंवा दोन्ही वापरून कृत्रिम प्रकाश मिळण्याची व्यवस्था करता येते. सर्वसाधारणपणे ८० वॅटची एक किंवा ४० वॅटच्या दोन ट्यूब लाईट आणि ४० ते ६० वॅटचा शुभ्र प्रकाशाचा बल्ब झाडापासून ३० ते ४५ सें. मी. वर ठेवून दिवसा १२ तास चालू ठेवल्यास झाडाच्या वाढीसाठी पुरेसा प्रकाश मिळतो. अमेरिका, यूरोप, इंग्लंड इत्यादी देशात स्वयंचलित टाईम स्विच ट्यूब लाईट किंवा बल्ब सोबत बसविल्याने पाहिजे त्या वेळेनंतर ते बंद होतात. कृत्रिम प्रकाशासाठी सोडियम व्हेपरचे दिवेही उपयुक्त ठरतात. काही ट्यूब लाईट रंगीतही मिळतात. त्यांचाही चांगला उपयोग होतो.

तापमान

घरातील बहुतेक झाडे दिवसाच्या १८° ते २४° सें. आणि रात्रीच्या १०° सें. किंवा कमी तापमानात चांगली वाढतात. ड्रेसिना, नेफ्लीटीस, फिलोडेंड्रान, इंडियन रबर प्लॅंट, फर्न, कॅलेडियम, कोलिअस, कॅक्टस आणि सक्युलंट्स इत्यादी झाडे दिवसातील अधिक म्हणजे २१° सें. ते २६° सें. तापमानात चांगली वाढतात. नागपूर, जळगाव, अकोला या सारख्या भागात उन्हाळ्यात घरे तापतात आणि हिवाळ्यात थंड होतात. घरातील झाडाना अधिक तापमानामुळे उपद्रव होतो. थंड हवामानात त्यांचे फार नुकसान होत नाही. कारण १५.° सें. इतके कमी तापमान झाले तरी झाडे समाधानकारक वाढू शकतात. घरात एअर कंडिशनची सोय असल्याशिवाय खोलीत तापमान हव्या त्या प्रमाणात ठेवणे अवघड असते. अति उष्णतेमुळे झाडांची वाढ खुंटून पाने तांबूस होतात.

आर्द्रता

बागेत ओल असते. घरात तसे नसते. त्यामुळे बागेत अधिक आर्द्रता असते. त्यामानाने घरात कमी आर्द्रता असते. झाडाची चांगली वाढ होण्यासाठी सापेक्ष

आर्द्रता ४० ते ६० टक्के आवश्यक असते. तापमानावर आर्द्रता अवलंबून असते. उन्हाळ्यात हवेतील आर्द्रता कमी होते. तर पावसाळ्यात ती फार असते. घरातील सर्व झाडांना आर्द्रतेची आवश्यकता असते. विशेषतः नाजूक झाडांना ती मिळणे अत्यावश्यक असते.

झाडांना पुरेशी आर्द्रता मिळण्यासाठी झाडांच्या पानावर पाण्याचा बारीक फवारा मारावा. त्यामुळे पानावरील धूळ धुतली जाते आणि पाने टवटवीत होतात. तसेच पाण्यात भिजवलेल्या स्पंजने मोठी पाने खालून वरून पुसल्याने आर्द्रतेचे प्रमाण वाढते. झाडांना ताजी हवा मिळण्यासाठी घराच्या खिडक्या उघड्या ठेवाव्यात. परंतु जोराच्या हवेचा झोत झाडांना हानीकारक असतो. तसेच घरातील शेगडी, विजेचे हीटर, स्वयंपाकाचा सुरू असलेला गॅस यापासूनही झाडे दूर ठेवावीत.

झाडांना आर्द्रता पुरविण्याचा आणखी एक सोपा मार्ग आहे. त्यासाठी कुंडीखाली एका भांड्यात गोल खडे किंवा वाळू ठेवून त्यात पाणी ओतावे. झाडाच्या कुंड्यांना पाणी देताना खाली पडणारे पाणी कुंडीखालच्या पात्रात साचून कुंडी भोवतालच्या वातावरणात आर्द्रता निर्माण होते. स्वयंपाकघर व स्नानगृहात आर्द्रतेचे प्रमाण घरातील इतर खोलीपेक्षा अधिक असते.

झाडांना योग्य प्रमाणात आर्द्रता न मिळाल्यास ड्रेसिना, डिफेनबेचिया यासारख्या झाडांची पाने टोकाला वाळतात. तसेच फुलांच्या झाडांच्या कळ्या गळतात. किंवा फुले फुलण्यापूर्वीच कोमेजतात.

झाडांच्या पानात अतिसूक्ष्म छिद्रे असतात. त्यातून झाडातील पाणी बाहेर पडते. दिवसा हवेतील कार्बनवायू घेण्यासाठी पानातील ही छिद्रे उघडतात. परंतु त्याचवेळी या छिद्रातून झाडातील ओलावा बाहेर पडतो. याच क्रियेला उच्छवसन (ट्रॅन्सपिरेशन) म्हणतात. कमी प्रमाणात आर्द्रता असणे म्हणजे झाडातून या प्रकारे अधिक ओलावा निघून जाणे. म्हणूनच घरातील उबदार खोलीत झाडे ठेवल्यास तेथील उष्णतेने त्यांची वाढ चांगली होते. परंतु त्याचवेळी त्यांच्या पानातून ओलावा अधिक प्रमाणात बाहेर टाकला गेल्याने झाडाना अधिक पाण्याची जरूरी भासते. त्यामुळे झाडाना वरचेवर पाणी द्यावे लागते. हवेतील आर्द्रता वाढल्यास असे होत नाही. त्यामुळेच झाडांना पावसाळ्यात, हिवाळ्यात कमी पाणी आणि उन्हाळ्यात अधिक पाणी द्यावे लागते.

झाडे जवळ जवळ लावल्यास एका झाडाने बाहेर टाकलेले पाणी दुसऱ्या झाडास मिळते. मोठ्या भांड्यात झाडे लावल्याने आर्द्रता वाढण्यास मदत होते.

ज्या झाडांना अधिक प्रमाणात आर्द्रतेची जरूरी असते अशी झाडे काचेच्या बाटलीत किंवा काचेच्या हंडीत म्हणजेच बंदिस्त जागेत लावावीत.

पाणी देणे

पाणी हे वनस्पतींचे जीवन आहे. परंतु ते योग्य प्रमाणात देणे फार महत्त्वाचे आहे. घरातील झाडांची यशस्वी लागवड मुख्यतः त्यांना द्यावयाच्या पाण्यावर अवलंबून आहे. घरातील झाडे मरण्याचे प्रमुख कारण म्हणजे त्याना आपण अपुरे किंवा अधिक पाणी देतो. झाडांच्या प्रकारानुसार त्यांची पाण्याची गरज वेगवेगळी असते. अंब्रेला झाडापेक्षा कॅक्टस आणि सक्युंलेट्सना कमी वेळा पाणी द्यावे लागते. तर कॅला हे झाड अगदी ओलीतही चांगले वाढू शकते.

याशिवाय झाडाच्या वाढीची कोणती अवस्था आहे, भांड्याच्या प्रमाणात त्यात लावलेल्या झाडाचा आकार, प्रकाश, माती, तापमान, आर्द्रता इत्यादी बाबींवरही झाडाना किती वेळा पाणी द्यायचे हे अवलंबून असते. जी झाडे फुलण्याच्या अवस्थेत असतात त्याना नवीन किंवा नुकत्याच लावलेल्या झाडापेक्षा अधिक पाणी लागते. त्याचप्रमाणे उन्हाळ्यात दिवसा भरपूर सूर्यप्रकाश असतो, तापमान अधिक असते आणि आर्द्रता कमी असते, त्यावेळी अधिक वेळा पाणी देणे आवश्यक असते. या उलट हिवाळ्यात तापमान कमी असते आणि झाडाची वाढही सावकाश होते. कुंडीतील माती भारी प्रकारची असल्यास कमी वेळा पाणी तर वालुकामय मातीतील झाडास अधिक वेळा पाणी द्यावे लागते.

झाड कोमेजलेले दिसले की त्याचे प्रमुख कारण म्हणजे त्याच्या मातीतील पाणी कमी झाले आहे असे समजावे. तथापि काही वेळा मातीत सतत अधिक ओल आल्यानेही झाड कोमेजते. आपण एखादे झाड अंधाऱ्या जागी ठेवले असेल आणि नंतर ते सूर्यप्रकाशात ठेवले तरी ते कोमेजते. म्हणून झाड कोमेजले म्हणजे त्याला पाणी कमी पडले असे खात्रीने म्हणता येत नाही. झाडाची पाने कोमेजली की त्यास पाणी कमी पडले असे समजून पाणी देणे योग्य नाही.

कुंडीतील मातीतील ओलावा झाडाला पुरेसा आहे की कमी झाला हे मोजण्याचे सोपे साधन अद्याप उपलब्ध नाही. परंतु अनुभवाने झाडाना किंवा कुंड्याना योग्य व पुरेसे पाणी आपण दिले की नाही हे समजते. बोटाने टिचकी मारून कुंडी वाजविली की कुंडीतील माती कोरडी आहे की ओली आहे हे अनुभवाने समजते. टिचकी मारली असता कुंडीचा टणटण असा आवाज आल्यास कुंडीतील माती कोरडी आहे असे समजावे. परंतु या उलट माती ओली असल्यास कुंडीचा बदबद असा आवाज येतो. अर्थात कुंडी मातीची असेल तरच ही पद्धत वापरता येते. इतर प्रकारच्या कुंडीतील झाडाना हे तत्त्व लागू पडत नाही. जर कुंडी प्लॅस्टिकची असेल तर पाणी दिलेल्या कुंडीचे वजन कोरड्या कुंडीपेक्षा अधिक असते.

माती ओली असेल तर तिचा रंग कोरड्या मातीपेक्षा वेगळा असतो. म्हणून

कुंडीतील पृष्ठभागावरील मातीचा रंग काळसर व गडद असल्यास ती माती ओलसर आहे असे समजावे. या उलट रंग करडा असल्यास ती माती कोरडी असते.

कुंडीतील माती बोटाने दाबून बघावी. त्यावरून ती ओली आहे की कोरडी आहे हे कळते. कुंड्यांना फार पाणी देऊ नये. तसेच माती कोरडी होईपर्यंत पाणी देण्याचे थांबू नये. या दोन्हींचा मध्य साधावा.

निरनिराळ्या हंगामात पाण्याची गरज वेगवेगळी असते. झाडांना उन्हाळ्यात पाणी अधिक लागते. तर हिवाळा व पावसाळा या हंगामात पाणी कमी लागते. उन्हाळ्यात पाण्याचा ताण पडणार नाही याची काळजी घ्यावी. कारण त्यावेळी काही झाडांची वाढ होते. घराच्या बांधणीनुसार, त्यात येणाऱ्या प्रकाशानुसार एकाच प्रकारच्या झाडांना एका घरापेक्षा दुसऱ्या घरात पाण्याचे प्रमाण कमी जास्त होते.

परदेशात कुंडीतील ओलावा मोजण्याची काही साधने उपलब्ध आहेत. त्यावरून कुंडीत किती ओल आहे, त्यातील माती वाळली आहे किंवा कसे हे समजू शकते. त्यानुसार पाणी देता येते. त्यांच्याकडे काठी किंवा सळईसारखे उपकरण असते. ते कुंडीतील मातीत खुपसले असता आतील ओलाव्यानुसार त्याचा रंग बदलतो. कुंडीला पाणी द्यावे की नको असा विचार आपल्या मनात आल्यास आपण एक-दोन दिवस थांबा आणि मग पाणी द्या. पाणी देण्याची घाई करू नका. कारण कमी किंवा जास्त पाणी देणे या दोन्हीमुळे नुकसान होते. परंतु अधिक पाण्याने अधिक नुकसान होते. कारण अधिक पाणी दिल्याने कुंडीतील मातीतील हवा बाहेर काढली जाते. त्याठिकाणी पाणी साचते आणि मग झाडाची मुळे कुजण्यास सुरूवात होते. पानावर काळे किंवा पिंगट डाग दिसल्यास झाडाला अधिक पाणी झाले असे समजावे.

पाणी कसे द्यावे

झाडांना वरून आणि खालून पाणी देता येते. पाणी खालून देण्याच्या पद्धतीत पाण्याने भरलेल्या बशीसारख्या उथळ भांड्यात किंवा उथळ वाडग्यात किंवा पाणी भरलेल्या वॉश बेसिनमध्ये झाडाची कुंडी ठेवावी. या पद्धतीत कुंडीच्या खालील छिद्रातून पाणी कुंडीत जाते. कुंडीच्या वरील भागातील माती भिजली म्हणजे त्या पाण्याच्या भांड्यातून कुंडी उचलून धरावी. त्यामुळे जादा झालेले पाणी निघून जाईल. मग ज्या ठिकाणी कुंडी ठेवली होती त्याठिकाणी परत ती ठेवावी. झाडाला वरून पाणी देण्यापेक्षा यापद्धतीने खालून पाणी दिल्यास अधिक चांगले. कारण या पद्धतीत अधिक पाणी दिले जात नाही. कॅक्टस, सक्युलंट्स या प्रकारातील झाडांना तर ही पद्धत फार चांगली असते. प्रथम कुंडीस भरपूर पाणी देऊन त्यातील माती ओली करावी. नंतर माती पूर्ण वाळण्यापूर्वीच त्यास थोडे पाणी देण्याची पद्धत चांगली असते.

परगावी गेल्यास पाणी कसे द्यावे?

आपण अनेकदा परगावी जातो. घरात कोणीच नसते. अशावेळी आपल्या घरातील झाडाना पाणी कोण देणार हा प्रश्न निर्माण होतो. त्यासाठी एक साधी रचना करता येते. अशावेळी झाडाना वातीमार्फत पाणी देता येते. एखाद्या उथळ डिशमध्ये किंवा बशीसारख्या भांड्यात झाडाची कुंडी ठेवावी. त्याच भांड्यात ओली केलेली वात ठेवावी.

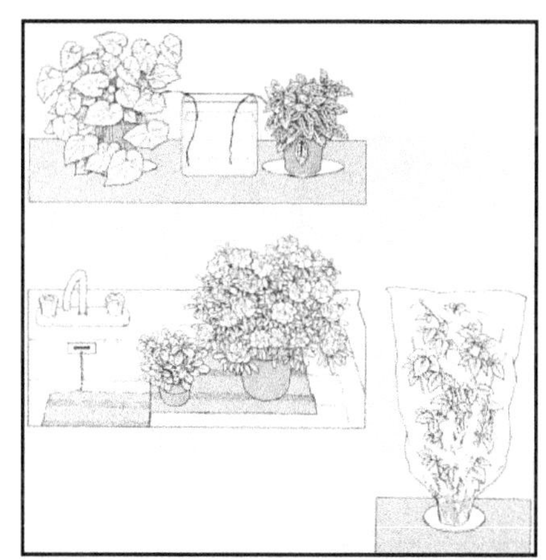

या वातीचे एक टोक पाण्याने भरलेल्या बादलीत किंवा इतर भांड्यात ठेवावे. त्यामुळे बादलीतील पाणी वातीतून हळूहळू त्या डिशमध्ये जाते आणि झाडास मिळते. इंग्लंड, अमेरिका, युरोप आणि इतर देशात फायबर ग्लासची वात असलेल्या आणि स्वतःस लागणारे पाणी घेऊ शकणाऱ्या फुलदाण्या असतात.

अशावेळी पाणी देण्याची आणखी एक पद्धत आहे. या पद्धतीत झाडाची कुंडी पाण्याने भरलेल्या उथळ भांड्यातील लाकडाच्या ठोकळ्यावर ठेवतात. भांड्यातील पाणी लाकडाच्या वर येते आणि ते कुंडीतील झाडाच्या मुळाना मिळते.

पाणी देण्याची आणखी एक सोपी पद्धत आहे. त्यात गावाला जाण्यापूर्वी कुंड्याना भरपूर पाणी द्यावे. नंतर कुंड्यात बांबूच्या दोन कामट्या रोवून त्यावर प्लॅस्टिकच्या मोठ्या पिशवीने कुंडीतील झाड पूर्णपणे झाकून प्लॅस्टिकचा खालचा भाग रबर बँडने कुंडीला घट्ट बांधावा. झाडे सूर्यप्रकाशापासून बाजूला ठेवावीत. प्लॅस्टिकच्या पिशवीतील झाडाचा ओलावा उडून त्याची आत वाफ होईल. ती वाफ उडून जायला जागा नसल्याने त्याचे परत पाण्यात रुपांतर होते आणि ते पाणी पुन्हा कुंडीला मिळते. अशावेळी झाडाची कुंडी पाण्यात ठेवू नये. कारण तसे केल्यास कुंडीतील मातीस प्रमाणापेक्षा अधिक पाणी मिळून झाडाला अपाय होईल.

वातीचा उपयोग

आपण गावाला जातो त्यावेळीच नाही तर इतरवेळी विनात्रास घरझाडांना पाणी देण्यासाठी वातीचा उपयोग करतात. या पद्धतीत झाड मातीच्या किंवा प्लॅस्टिकच्या कुंडीत असावे. तसेच त्या कुंडीला खालच्या बुडाच्या बाजूला किमान एक तरी छिद्र

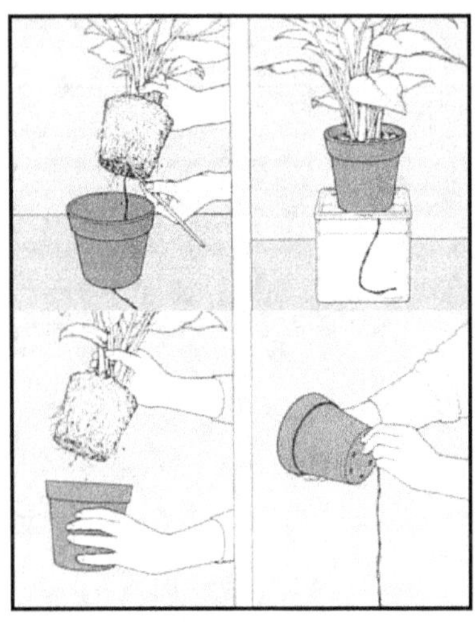

असावे. आपली नेहमीची कापडाची, कापसाची, सुतळीची किंवा इतर साहित्याची वात करावी. कुंडीतून झाड काळजीपूर्वक बाहेर काढावे. कुंडीच्या छिद्रातून वात आत घालावी. त्याचे आत आलेले टोक कुंडीतून बाहेर काढावे. या झाडाच्या खालील बाजूच्या मुळ्यात सरकवून चांगले बसवावे. नंतर ते झाड कुंडीत परत व्यवस्थित बसवावे. कुंडीच्या बाहेर वातीचे एक टोक राहील. ते पाणी असलेल्या भांड्यात सोडावे. त्यामुळे केशाकर्षणाने पाणी झाडाच्या मुळ्याना मिळेल. दुसऱ्या भांड्यात पाणी असेपर्यंत ते हळूहळू झाडास आपोआप वातीने मिळेल.

या पद्धतीने उंचीवर ठेवलेल्या झाडासही पाणी देता येते. मात्र झाडास पाणी हवे त्या प्रमाणात आहे की नाही, ते जास्त होते किंवा कमी पडते हे वरचेवर पहावे. अर्थात ही पद्धत कुंडी मातीची किंवा प्लॅस्टीकची असेल आणि तिला तळाशी छिद्र असतील तरच वापरता येते. एखाद्या योग्य प्रकारच्या कसल्याही भांड्यात पाणी भरून त्यावर झाकण लावून झाकणातून आत वात सोडता येते. वर कुंडी ठेवता येते.

पाणी देण्यासाठी मार्गदर्शक सूचना

पाणी देताना अधिक काळजीपूर्वक पहावे लागते. कारण पाणी अधिक होऊ नये अगर कमी पडू नये याची काळजी घ्यावी. त्यासाठी काही मार्गदर्शक सूचना लक्षात ठेवाव्यात.

अधिक पाणी लागणारी झाडे

१. ज्यांची वाढ होत आहे अशी झाडे

२. एंजल विंग्ज सारख्या पातळ व नाजूक पानांची झाडे

३. उन्हाळ्यात खिडकीजवळ ठेवलेली झाडे

४. जी झाडे आपल्या पानातून बाष्पीभवनाने पाणी बाहेर सोडतात अशी मोठ्या पानांची झाडे

५. चांगल्या मुळ्यानी कुंडी भरली आहे अशी झाडे

६. जरूरीपेक्षा लहान भांड्यात लावलेली झाडे

७. कोरड्या हवेतील झाडे

८. अंब्रेला प्लँटसारखी दलदलीच्या भागातील झाडे

९. मातीच्या कुंडीतील झाडे

१०. ज्यातून पाण्याचा चांगला निचरा होतो अशा मिश्रणात लावलेली झाडे

कमी पाणी लागणारी झाडे

१. ज्या झाडांची वाढ थांबली आहे (विश्रांतीचा काळ) आणि ज्यांना कळ्या किंवा फुले नाहीत अशी झाडे.

२. रबर प्लँट सारखी जाड व कातड्याप्रमाणे पानांची झाडे.

३. जी झाडे थंड हवा असणाऱ्या खोलीत ठेवली आहेत आणि विशेषतः हिवाळ्यात अशा झाडाना कमी पाणी लागते.

४. कॅक्टस सारखी झाडे पाणी साठवून ठेवतात अशी झाडे.

५. जी झाडे नुकतीच पुन्हा भांड्यात लावली आहेत आणि ज्यांची मुळे त्या मिश्रणात अद्याप सगळीकडे पसरलेली नाहीत.

६. फर्न सारखी आणि जी झाडे सावलीत वाढविली आहेत किंवा बाटलीत अगर काचेच्या हंडीत वाढविली आहेत अशी झाडे. कारण त्याना भरपूर आर्द्रता मिळते.

७. माती सारख्या म्हणजे ज्यात पाणी धरून ठेवले जाते अशा मिश्रणात लावलेली झाडे.

८. प्लॅस्टिक किंवा मातीच्या चकाकणाऱ्या कुंडीत लावलेली झाडे

९. ज्या झाडाना जाड, मांसल किंवा पाणी शोषून ठेवणारी मुळे आहेत अशी झाडे.

धोक्याच्या खुणा

पाणी जरूरीपेक्षा कमी झाले किंवा अधिक झाले तरी त्यामुळे झाडाचे नुकसान होते. ते कसे ओळखावे हे खालील खुणावरून ओळखावे.

पाणी फार कमी झाल्यास	पाणी अधिक झाल्यास
१. पाने झपाट्याने सुकतात	१. पानावर मऊ कुजल्यासारखे ठिपके दिसतात.
२. पानांची वाढ सावकाश होते	२. पानांची वाढ फार कमी होते.
३. खालील पाने पिवळी पडतात किंवा सुरकुततात.	३. खालची पाने पिवळी पडतात आणि त्यांचे शेंडे तपकिरी होतात.
४. खालील पाने अकाली गळतात.	४. फुलांना बुरशी येते.

५. पानांच्या कडा तपकिरी आणि वाळलेल्या दिसतात.

५. नवी व जुनी पाने एकदमच गळतात

६. फुले फिक्कट होऊन झपाट्याने गळतात.

६. मुळे कुजतात.

झाडांना खाद्य द्या

आपली प्रकृती चांगली राहण्यासाठी आपण पोषक अन्न घेतो. झाडेही सजीव आहेत. ती चांगली टवटवीत, रसरशित, तजेलदार दिसण्यासाठी त्यांनाही त्यांचे अन्न दिले पाहिजे. झाडांचे अन्न म्हणजे खते. मानव किंवा इतर प्राणी फिरतात, उडतात. त्यांना आपले अन्न कसेही मिळविता येते. परंतु वनस्पती एकाच ठिकाणी असतात. म्हणून आपणच त्यांना अन्न दिले तर त्यांचे आरोग्य सुधारेल. ती भरपूर वाढतील, छान दिसतील.

घरातील झाडांना घराची दारे, खिडक्या उघड्या असल्याने हवा मिळते. त्यांना आपण पाणीही नियमित घालतो. परंतु त्यांना योग्य अन्न वेळेवर व योग्य प्रमाणात द्यायचे विसरतो. हे योग्य नाही. कारण सजीव वस्तू फक्त हवा व पाण्यावर फार काळ चांगली राहू शकत नाही. परंतु या गोष्टीकडे अनेकांचे लक्ष जात नाही. हवा, पाणी देण्यासाठी बाहेर जावे लागत नाही. परंतु झाडांना लागणारे अन्न-खत तयार करावे लागते किंवा बाहेरून आणावे लागते. त्याचा त्रास नको असतो. परंतु खाद्याकडे असे दुर्लक्ष केल्यास झाडे चांगली वाढत नाहीत. अर्थात घरातील झाडांना आवश्यक तेव्हाच व आवश्यक तेवढीच खते दिली पाहिजेत.

घरातील झाडे लावताना आपण त्यात जी माती व इतर मिश्रण घालतो त्यात झाडास आवश्यक ती सेंद्रिय द्रव्ये असतात. म्हणून झाड कुंडीत लावल्याबरोबर त्याना फार खते द्यावी लागत नाहीत. अर्थात झाड कुंडीत बरेच दिवस राहिल्यानंतर मात्र त्यास बाहेरून खते देणे आवश्यक ठरते. हे कसे ओळखावे? त्यासाठी झाड कुंडीच्या बाहेर काळजीपूर्वक काढावे. झाडाची मुळे एकमेकात फार चांगली गुंतली असतील आणि त्यांची वाढ थांबल्यासारखे वाटत असेल तर ते झाड थोड्या मोठ्या कुंडीत लावावे. आपणास तसे करावयाचे नसल्यास कुंडीतील वरच्या बाजूची थोडीशी माती बाहेर काढून त्याठिकाणी माती व शेणखताचे सारख्या प्रमाणात केलेले मिश्रण घालावे. त्यात एक मोठा चमचा (टेबल चमचा) हाडांचे खतही घालावे. तसेच अशा झाडाना नत्र, स्फुरद व पालाश ही तिन्ही अन्नद्रव्ये असलेले तयार खत अर्धा ते एक चमचा घालावे.

सध्या बाजारात अनेक प्रकारची खते मिळतात. घरातील झाडांना घालण्यासाठी गोळ्याच्या स्वरुपात किंवा द्रवरुपातही खते मिळतात. झाडाच्या खोडापासून थोड्या

अंतरावर अशी खते टाकून नंतर त्यांना भरपूर पाणी द्यावे. महिन्यातून किंवा दोन महिन्यातून एकदा अशी खते द्यावीत. जमीन कोरडी असताना किंवा हिवाळ्यात झाडांचा विश्रांती काळ असल्याने त्यावेळी खते देऊ नयेत. झाडाची वाढ जोमदारपणे सुरू असेल. त्याचवेळी खते द्यावीत. घरातील झाडे प्रमाणापेक्षा वाढणेही योग्य नसते. म्हणून या झाडांना प्रमाणात खते दिली पाहिजेत. शेणखत पाण्यात चांगले भिजवून ते सुशोभित पानांच्या झाडांना देणे फायद्याचे असते.

घरातील झाडांची वाढ अनेकदा चांगली होत नाही किंवा ती झाडे निरोगी दिसत नाहीत. त्याचा अर्थ असा नाही की खताच्या कमतरतेमुळेच असे घडते. परंतु अनेकांची तशी समजूत असते. म्हणून झाड निरोगी का दिसत नाही याची प्रथम पहाणी केली पाहिजे. झाडास प्रमाणापेक्षा कमी किंवा अधिक पाणी दिल्यानेही असे घडते. झाडास भरपूर किंवा फार कमी सूर्यप्रकाश मिळणे, झाडाच्या शेजारी पाणी साटून राहणे. फार थंडी किंवा फार कोरडे हवामान यामुळेही झाडाच्या वाढीवर, त्याच्या एकूण स्वरुपावर परिणाम होऊ शकतो. म्हणून ज्यावेळी झाड कुंडीत योग्य रितीने वाढले असेल त्याचवेळी खतांचा उपयोग होतो. झाडाच्या इतर लक्षणावर खताचा उपयोग होत नाही.

कमी खताची लक्षणे

खते कमी पडल्याचे कसे ओळखावे? त्यासाठी पुढील गोष्टी लक्षात ठेवाव्यात.

१. झाडांची वाढ सावकाश होते. त्यामुळे झाडावर येणाऱ्या रोगांचे व किडीचे प्रमाण वाढते.

२. पाने निस्तेज होतात. काही वेळा पानावर पिवळे ठिपके पडतात.

३. फुले लहान होतात. त्यांचे रंगही फिक्कट होतात किंवा काहीवेळ फुलांना रंगच येत नाहीत.

४. झाडांची खालील बाजूची पाने लवकर गळतात.

अधिक खते झाल्यास लक्षणे

काही लोकांना वाटते की भरपूर खते दिली की झाडे फार चांगली येतात. परंतु तसे नसते. अधिक खतामुळेही झाडावर वाईट परिणाम होतो. त्याची लक्षणे पुढीलप्रमाणे आहेत.

१. झाडाची पाने सुकल्यासारखी किंवा वाकड्या तिकड्या आकाराची होतात.

२. मातीच्या कुंडीच्या बाहेर आणि कुंडीतील मातीच्या मिश्रणावर पांढरा पापुद्रा येतो.

३. हिवाळ्यात झाडाची वाढ सडपातळ होते. तर उन्हाळ्यात वाढ थांबते.

४. पानावर तपकिरी ठिपके पडतात. तर कडा जळाल्यासारख्या दिसतात.

यावरून खते कमी पडू नयेत अगर अधिक देऊ नयेत हे चांगले ध्यानात ठेवावे. कारण खत हे काही आजारी झाडाचे औषध नाही. उलट अधिक खतामुळे झाडाची परिस्थिती आणखी वाईट होते. म्हणून झाडात काही अपायकारक लक्षणे दिसल्यास ती रोग-किडीमुळे आहेत किंवा कसे हे प्रथम पहावे. मगच आवश्यकतेनुसार खत द्यावे. झाडाला कमी खत दिल्याने जेवढे नुकसान होते त्यापेक्षा अधिक नुकसान अधिक खत दिल्याने होते. म्हणून फार काळजी घ्यावी. वरचेवर खते देऊ नयेत.

घरातील झाडांना देण्यासाठी बाजारात अनेक व्यापारी नावाखाली खते मिळतात. अलिकडे बाजारात लहानप्रमाणात द्रवखतेही मिळतात. त्यांच्या पॅकिंगवर ही खते कशी व किती द्यावीत याच्या सूचना दिलेल्या असतात. त्याप्रमाणे ही खते द्यावीत. तरीही त्या सूचनापेक्षा कमी खते दिल्यास नुकसान होणार नाही. मात्र अधिक खते दिल्यास नुकसानीची शक्यता असते.

सध्या अनेक प्रकारात खते मिळतात. दाणेदार, भुकटी, द्रवरूप खते. आता ही सर्वांच्या परिचयाची झाली आहेत. परंतु घरातील झाडांना देण्यासाठी खताच्या गोळ्या किंवा कांड्याही बाजारात मिळतात. याचा महत्त्वाचा फायदा म्हणजे कांड्या किंवा गोळ्या अन्नद्रव्य सावकाश सोडतात. या वापरायच्या असतील तर त्या मुळ्यांच्या किंवा बुंध्यांच्या जवळ ठेवू नयेत. कारण त्यामुळे त्या भागाला अधिक खत मिळून त्यांचा जमिनीवरील भाग जळण्याचा किंवा त्यांचे इतर प्रकारे नुकसान होण्याची शक्यता असते. खताची गोळी, वडी किंवा कांडी काही विशिष्ट दिवस टिकावी अशा दृष्टीने ती तयार केलेली असते. त्यामुळे झाडाला पाणी घातल्यावर त्यातील अगदी थोडा भाग प्रत्येक वेळा पाण्यात विरघळतो आणि तो पाण्याबरोबर झाडांच्या मुळ्यांना सतत काही दिवस मिळतो. वडी किंवा कांडी संपूर्ण विरघळल्यानंतर त्याठिकाणी दुसरी ठेवावी.

ज्याप्रमाणे आपण झाडांच्या मुळ्यांना मातीतून खत देतो, त्याचप्रमाणे झाडांच्या पानांना आपण फवारणीतून खते देऊ शकतो. त्यासाठी पाण्यात विरघळणारी खते (उदा. युरिया किंवा फुलझाडांची खास खते) पाण्यात योग्य प्रमाणात मिसळून ती झाडावर फवारता येतात. त्यामुळे झाडांना त्वरित अन्नद्रव्य मिळते. त्यामुळे पाने टवटवीत दिसतात. फुलझाडांना अधिक फुले येतात आणि नेहमीची फुले मोठ्या आकाराची होतात.

रासायनिक खते कशासाठी?

घरातील झाडांना आपण जी निरनिराळी खते देतो त्यात प्रामुख्याने नत्र (नायट्रोजन), स्फुरद (फॉस्फोरस) आणि पालाश (पोटॅश) यांचा समावेश असतो.

परंतु ही अन्नद्रव्ये पिकांना मिळाल्यामुळे त्यांचा काय फायदा होतो आणि ती न मिळाल्यास काय तोटा होतो हे पाहणे योग्य ठरेल.

नत्र (नायट्रोजन)— नत्रामुळे भरपूर हिरवी पालवी फुटते. स्फुरद व पालाश घेण्यास मदत होऊन झाडांची जोरदार वाढ होते. जरूरीपेक्षा झाडास नत्र कमी पडल्यास वाढ खुरटते, पाने पिवळी दिसतात. जुनी पाने अकाली गळतात. पानांच्या कडा व टोके जळाल्यासारखी दिसतात. प्रमाणापेक्षा अधिक दिल्यास झाडे ठिसूळ होतात. त्यामुळे ती रोग-किडींना बळी पडण्याची शक्यता वाढते. वाढीच्या हंगामाच्या सुरुवातीस पानांच्या झाडांना दिल्यास अधिक उपयुक्त.

स्फुरद (फॉस्फोरस)— स्फुरदमुळे अंकुर व फुटवे फुटतात. मुळ्या व देठ यांची जोमदार वाढ होते. कळ्या अधिक लागतात. झाडात प्रथिने व खनिजद्रव्ये वाढण्यास मदत होते. स्फुरद कमी पडल्यास देठ व मुळे यांची वाढ खुरटते व पाने कमी लागतात. जास्त कमतरता आल्यास पाने व देठ तांबूस दिसतात. स्फुरदमुळे फुले येण्याचे प्रमाणे वाढते. म्हणून फुले येणाऱ्या घरातील झाडांना स्फुरद अवश्य द्यावे.

पालाश (पोटॅश)— पालाशमुळे झाडाचे धांडे बळकट होतात. रोग-किडी व थंडी यांचा प्रतिकार करण्याची झाडांची शक्ती वाढते. पाने निरोगी होतात. झाडांना फुले चांगली येतात. पालाशच्या कमतरतेने पानांच्या कडा व टोके सुकतात. झाडाची वाढ खुरटते. झाडाचे देठ व धांडे कमकुवत होऊन पाने गळतात. फुले येणाऱ्या घरातील झाडांना पालाश आवश्यक असते.

सूक्ष्म अन्नद्रव्ये— घरातील झाडांना आयर्न, झिंक, कॉपर, मँगेनीज, मॅग्नेशियम या सूक्ष्म अन्नद्रव्यांचीही आवश्यकता असते. त्यामुळे झाडात उत्तम प्रकारे हरितद्रव्य तयार होते. झाडाची वाढ चांगली होते.

◻

१५ कुंडी बदलणे

कुंडीत झाडे अनेक दिवस राहिल्यामुळे त्यांच्या मुळ्या कुंडीत सगळीकडे पसरून त्याचा झाडावर वाईट परिणाम होतो. म्हणून कुंडी बदलावी लागते. पण कुंडी केव्हा बदलावी? त्यासाठी कुंडीतील झाड हळूवारपणे बाहेर काढावे. त्याच्या मुळ्या मातीच्या गोळ्याच्या बाहेर येऊन एकमेकांत अडकल्या असतील तर त्या झाडाची कुंडी बदलणे आवश्यक आहे असे समजावे. झाडांची अवस्था बघून किंवा वर्षाआड कुंडी बदलावी. परंतु वरचेवर कुंडी बदलू नये.

झाडे वाढून मोठी झाली म्हणजे ती मोठ्या कुंडीत बदलणे आवश्यक असते. कॅक्टस, सक्युलंटस आणि ॲस्पीडिस्ट्रा यासारखी झाडे सावकाश वाढतात. म्हणून त्यांची कुंडी वरचेवर बदलणे योग्य नसते. परंतु जिरॅनियम, बिगोनिया अशी झाडे झपाट्याने वाढतात. म्हणून त्यांची कुंडी वर्षातून एकदा तरी बदलावी लागते.

आपणाकडे पावसाळ्याच्या सुरुवातीस कुंडी बदलणे योग्य असते. कारण त्यावेळी झाडाच्या मुळ्या वाढण्यास योग्य परिस्थिती असते. तसेच अनुकूल हवामानामुळे कुंडी बदलण्याच्या वेळी झाडांना बसणारा धक्का कमी असतो. कुंडी बदलण्याच्या एक दिवस अगोदर झाडास हलकेसे पाणी द्यावे. त्यामुळे कुंडीतील झाड त्याच्या मातीच्या गोळ्यांसह काढणे सोपे होते.

झाड दुसऱ्या कुंडीत बदलण्यापूर्वी कुंडी चांगली स्वच्छ करून घ्यावी. वाढलेल्या झाडानुसार कुंडी निवडावी. तसेच कुंडीचे खालचे पाणी जाण्याचे छिद्र विटेच्या लहान तुकड्याने बंद करावे. मग त्यात खत मातीचे मिश्रण घाला. हे मिश्रण पुढीलप्रमाणे करावे. तणे नसलेला नदीचा गाळ २ भाग + दीड भाग कुजलेला पालापाचोळा + १ भाग रेती + पाव भाग चांगले कुजलेले व चाळणीतून गाळलेले शेणखत + थोडेसे सिंगल सुपर फॉस्फेट.

कुंडीतील झाड काढण्यापूर्वी एका हाताने कुंडी उलटी करून व कुंडीच्या तळाशी हलकी थाप देऊन मातीच्या गोळ्यासह मुळ्यांना इजा होणार नाही अशा

तऱ्हेने झाड काढून ते नव्या खतमाती भरलेल्या कुंडीत मध्यभागी काळजीपूर्वक हळू लावावे. त्यानंतर एका हाताने झाडाचे खोड उभे धरून झाडाच्या मुळ्याभोवती खत टाकून हळूच दाबावे. कुंडीत खतमाती भरताना त्यावर कुजलेल्या पानांचा थर द्यावा. तसेच नवीन कुंडी काठाच्या खाली १ सें.मी. पर्यंतच भरावी. पाण्यासाठी ही मोकळी जागा आवश्यक असते. नंतर झाडाला पुरेसे पाणी देऊन ते चांगले रूजेपर्यंत सावलीत ठेवावे.

दुसऱ्या कुंडीत झाडे ठेवताना अधिक काळजी घ्यावी. ज्या वेळी झाडाचा विश्रांतीचा काळ असतो त्या वेळी ते नवीन कुंडीत बदलू नये. कारण अशावेळी नवीन कुंडीत झाड लावल्यास त्यास योग्य मुळे फुटत नाहीत. त्यामुळे पाणी साचून जुनी मुळे कुजतात. ज्या वेळी झाड चांगले जोमदार नाही असे वाटते किंवा झाड रोगट आहे असे दिसते त्या वेळी झाडाची कुंडी बदलू नये. तसेच झाड नवीन कुंडीत बदलल्यानंतर त्यास पहिले ४ ते ६ आठवडे खत देऊ नये. कारण त्यांना नवीन मुळे फुटायची असतात.

लहान कुंडीत झाड चांगले वाढत असेल तर ती कुंडी बदलण्याची जरूरी नसते. अशावेळी त्या कुंडीतील झाड बाहेर काढावे. ती कुंडी स्वच्छ करून त्यात खत, मातीचे मिश्रण भरावे. पूर्वीच्या झाडाच्या मातीच्या गोळ्याच्या बाहेर फार मुळ्या असतील तर त्यापैकी काही मुळ्या धारदार चाकूने कापाव्यात.

ज्या झाडांच्या कुंड्या बऱ्याच वेळा बदलल्या आहेत. त्यांना पुन्हा मोठ्या कुंडीत घालण्यासाठी ती कुंडी बदलणे योग्य नाही. अशावेळी त्या कुंडीतील वरील माती काढून त्या ठिकाणी नवीन खत व मातीचे मिश्रण घालावे. 'अमरिलीस' सारख्या झाडांच्या मुळ्यांची वरचेवर हलवा-हलव केल्यास ती झाडे चांगली वाढत नाहीत, फुलत नाहीत म्हणून वरचेवर कुंडी बदलणे योग्य नाही.

□

१६ झाडांची छाटणी

झाडांची सर्व बाजूंनी वाढ होण्यासाठी झाडाचे शेंडे किंवा वरील भाग काढून टाकला जातो. कोलिएस, जिरेनियम, पेलार्गोनियम, फुचिया इत्यादी झाडात असे करावे लागते. त्याला पिंचिंग (चिमटणे) असे म्हणतात. त्यामुळे झाड झुडुपासारखे होते. झाडाचा आकार चांगला व्हावा किंवा अधिक चांगली वाढ व्हावी यासाठी झाडाची छाटणी करतात. गुलाबाची छाटणी वर्षातून एकदा करतात. त्यामुळे नवीन फूट फुटून चांगली फुले येतात. बोगनव्हिला, जिरेनियम, पेलार्गोनियम इत्यादी झाडांना फुले येऊन गेल्यानंतर त्यांची छाटणी करतात. त्यामुळे त्यांचा आकार चांगला रहातो. वॉडररिंग ज्यू सारख्या वर चढणाऱ्या झाडांची जुनी व वाळलेली वाढ काढून टाकण्यासाठी हलकीशी छाटणी करतात.

घरातील झाडांची खराब झालेली पाने काढून टाकावीत. तसेच रोगट व निस्तेज दिसणारी वाढ काढून टाकावी. त्यामुळे झाडांचा आकर्षकपणा व सौंदर्य वाढते. फिक्कट रंग झालेली सर्व फुले काढून टाकून अशा फुलांत बी होणार नाही याकडे लक्ष द्यावे. त्यामुळे झाडाची वाढ चांगली होते. कोलिएस सारख्या झाडात फुले येताच ती खुडून टाकावीत. त्यामुळे झाडाची चांगली वाढ होते.

झाडास आपणास हवा तो आकार देण्यासाठी, त्याची योग्यप्रकारे छाटणी करणे महत्त्वाचे आहे. एखादे झाड फार उंच वाढले असेल तर त्याची छाटणी करून त्याची उंची कमी करणे आवश्यक असते. कारण हे झाड घरात ठेवायचे असते. तसेच झाडास योग्य आकार येण्या- साठी त्याचे खोड, फांद्या यांची योग्यप्रकारे छाटणी करावी.

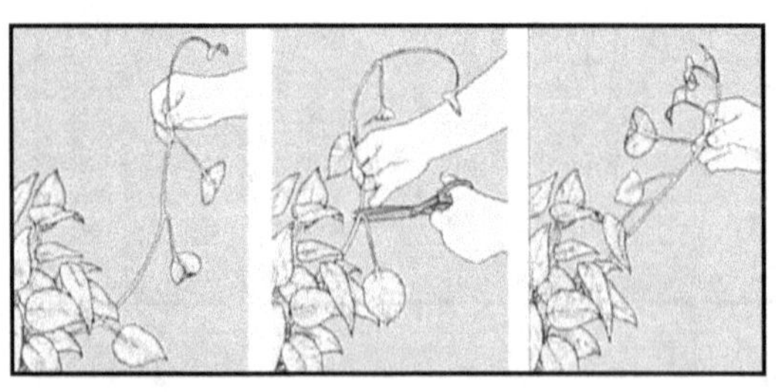

फांद्यांची छाटणी करताना डोळ्याच्या

अगदी थोडे वर म्हणजे ज्या ठिकाणाहून फूट यावी असे आपणास वाटते त्या ठिकाणी छाटावे. हा छाट तिरका घ्यावा आणि तो खालील बाजूस तिरका असावा. पावसाळ्याच्या अगोदर शक्य तो छाटणी करावी. कारण पावसाळ्यात छाटणीच्या ठिकाणी नवी फूट येते. छाटणीसाठी आपण जी कात्री, चाकू इत्यादी वापरू ती फार धारदार असावी. तसे नसेल तर छाटणी करताना फांदी, खोड चिंबते, त्याची साल निघते. त्यामुळे त्या झाडाचे नुकसान होते.

वेलीसारखी घरातील काही झाडे फार वाढतात. दोन पानांच्यात बरेच अंतर असते. अशावेळी त्याचा वाढलेला सर्व भाग कापावा. फिलोडेंट्रान सारख्या झाडात

काही वेळा दोन पानात बरेच अंतर रहाते. अपुरा प्रकाश किंवा इतर काही कारणामुळे असे घडते. अशावेळी वाढलेले खोड किंवा फांद्या बच्याच मागे कापाव्यात.

काही वेलींना आपण तारेवर चढवितो किंवा तार गोलाकार करून त्यावर चढवितो. दोन-तीन हंगामानंतर अशा वेलीची वेडीवाकडी वाढ होते. म्हणून ती सर्व वाढ छाटावी. फक्त नवीन फूट ठेवून जुनी फूट सर्व काढावी. रबर झाड किंवा ड्रेसिना झाड फार वाढते. मग ते घरात ठेवणे योग्य दिसत नाही. अशावेळी ती झाडे सुमारे एक मीटरपर्यंत छाटण्यास हरकत नाही. असे छाटलेले झाड काही आठवडे चांगले दिसत नाही. परंतु नंतर त्याने फुटून शोभा येते.

झाडांना वळण देणे

वेलीसारख्या झाडाला वर चढण्यासाठी आधार द्यावा. बांबूभोवती शेवाळ गुंडाळून व ते तारेने बांधून त्यावर अशा वेली चढविता येतात. कुंडीच्या मध्यावर अशी शेवाळाचा बांबू किंवा काठी रोवावी. शेवाळाचा बांबू तयार करण्याची सोपी पद्धत आहे. त्यासाठी एक रूंद काठी किंवा बांबू अगर

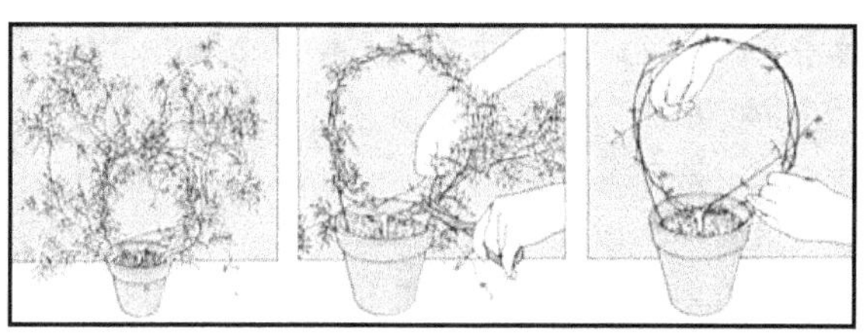

पॉलिथिनचा सुमारे १ मीटर उंचीचा पाईप घ्यावा. त्याच्या सभोवती खालपासून वरपर्यंत शेवाळ गुंडाळून ते सुतळीने किंवा तारेने बांधावे. मग कुंडीच्या मध्यभागी हा बांबू, काठी किंवा पाईप रोवावा. पॉलिथिन पाईप सरळ उंच राहण्यासाठी त्याच्या आतून एक काठी घालून ती कुंडीत पुरावी. त्यावर वेली चढविता येतात. अशा वेली दोऱ्यांना बांधून वर चढवून मोठ्या खोलीत पडद्यासारख्या वापरता येतात. कुंडीत काठी किंवा बांबू रोवून त्याला झाडाचा शेंडा बांधावा. मग त्या झाडास आपल्या आवडीप्रमाणे चौकोनी, पंख्याच्या आकाराचा किंवा गोल आकार देता येतो. याबाबतीत अनेक कल्पना वापरता येतात.

बांबू किंवा तार वापरून आपणास हव्या त्या आकाराची फ्रेम बनविता येते. ही फ्रेम कुंडीत ठेवून त्याच्यावर झाड बांधता येते. फ्रेमच्या आधाराप्रमाणे त्याची वाढ होते आणि एक वेगळे आकर्षक दृश्य तयार होते. वेलींच्या बाबतीत हे सहज शक्य आहे. वेलीला लहान दोरी बांधून ती भिंतीवर चढविता येते. खोलीला एक वेगळी शोभा देते.

झाडांची स्वच्छता

आपल्या घरातही धूळ असते. त्यासाठी आपण दररोज घर स्वच्छ करतो. यामुळेच आपल्या घरातील झाडावर धूळ बसणे साहजिक आहे. धूळ बसलेली झाडे चांगली दिसत नाहीत. ती चांगली टवटवीत दिसावीत म्हणून ओल्या स्पंजने झाडांची पाने मधून मधून पुसावीत. त्यासाठी थोडेसे गरम केलेले पाणी वापरल्यास त्याने घाण, तेलकट पदार्थ निघण्यास मदत होते.

या पाण्यात थोडेसे दूध किंवा व्हिनेगरचे काही थेंब टाकल्यास झाडांची पाने तुकतुकीत दिसतात. उन्हाळ्यात सिरिंजने किंवा लहानशा पिचकारीने झाडाच्या पानावर पाणी शिंपडल्यास उन्हाळ्यात झाडांना फायद्याचे असते. एरोसोल स्प्रे मारल्याने पानावर एक प्रकारचे सूक्ष्म आवरण तयार होऊन पानांना धुळीचा उपद्रव होत नाही. तसेच त्यामुळे पानांना तुकतुकी येते. याच्या फवाऱ्याचा परिणाम काही महिने रहातो. रबर प्लँटसारख्या जाड व तुकतुकीत पानावर त्याचा अधिक चांगला परिणाम दिसतो.

आफ्रिकन व्हायोलेट आणि रेक्स ब्रिगोनिया यासारख्या केसाळ पानांची स्वच्छता, रंगविण्याच्या साध्या मऊ ब्रशने करावी. कारण अशा पानांची स्वच्छता पाण्याने केल्यास त्यांतील केस पाणी ओढून घेतात आणि ते पान कुजण्याची शक्यता असते.

झाड लहान असेल तर उन्हाळ्यात ती कुंडी उलटी करून झाड कोमट

साबणाच्या पाण्यात बुडवावे. काही सेकंद झाड पाण्यात हलवावे. त्यामुळे ते स्वच्छ होईल.

झाडावरील पिवळी झालेली पाने, सुकलेली, फिक्कट झालेली फुलेही वरचेवर काढल्याने झाड स्वच्छ दिसते. तसेच ज्या पानांचे शेंडे तपकिरी झाले असतील तेही कात्रीने कापावेत. कोरड्या हवामानामुळे असे होते. त्यासाठी झाडास अधिक आर्द्रता मिळेल अशी व्यवस्था करावी.

□

१७ रोपे कशी करावीत? (अभिवृद्धी)

सध्या सर्वच वस्तूंचे दर वाढले असल्याने झाडांची रोपे त्याला अपवाद नाहीत. ज्यावेळी आपण आपल्या घरात ठेवण्यासाठी झाडांची निवड प्रथमच करतो, त्या वेळी ते झाड चांगल्या रोपवाटिकेतून (नर्सरीतून) आणणे आवश्यक आहे. परंतु ते झाड दोन ठिकाणी ठेवायचे असेल तर त्यासाठी आपणास दोन झाडे आणण्याची जरूरी नाही. तर मग काय करायचे? त्या झाडाचे रोप कसे करायचे याची माहिती आपण घ्यायची. रोप करण्याचे कौशल्य फारसे अवघड नाही. माहितीनंतर व सरावानंतर ते कोणीही करू शकेल.

घरशोभेच्या झाडांची रोपे बिया, त्याचे पानांचे, खोडांचे कटिंग लावून, दाब कलम, गुटी कलम करून किंवा डोळे भरून किंवा विभाजन करून करतात. यापैकी बियापासून किंवा कटिंगपासून रोप करणे तर फार सोपे आहे. इतर कलम करण्याचीही माहिती घेऊन रोपे करणे अवघड नाही. मात्र त्यासाठी लागणारे बी व मूळ झाड आपणाकडे हवे.

काही झाडे एका हंगामापुरती किंवा वर्षातून थोडा काळ टिकतात. रोपे करण्याची माहिती आपणास झाली की आपणास जुन्या झाडापासून नवीन झाडे तयार करता येतात. त्यासाठी प्रत्येकवेळी रोपवाटिकेतून विकत रोपे आणण्याची जरूरी नाही.

बियापासून रोपे

बियापासून रोपे करण्यासाठी ३० × ३० × ३० सें.मी. आकाराची लाकडी फळी, खोके किंवा मातीची मोठी थाळी वापरावी. त्यात २ भाग माती आणि १ भाग वाळू, १ भाग पानांचे कुजलेले खत घालावे. हे मिश्रण बारीक करून चाळून मगच त्यात भरावे. अगदी लहान बी असल्यास त्यावर फेकावे. इतर बी ओळीत हाताने पेरावे. त्यास फार हळुवार पाणी द्यावे. ही फळी किंवा थाळी सावलीत ठेवावी. ती प्लॅस्टीकने झाकली तरी चालेल. रोपांना पहिले पान फुटल्यानंतर त्यावरील प्लॅस्टीक काढावे. रोपांना ३ ते ४ पाने फुटल्यानंतर आणि योग्य उंची वाढल्यानंतर ती मातीने भरलेल्या कुंडीत, प्लॅस्टीक पिशवीत लावावीत.

खोडाचे कटिंग (छाटे)

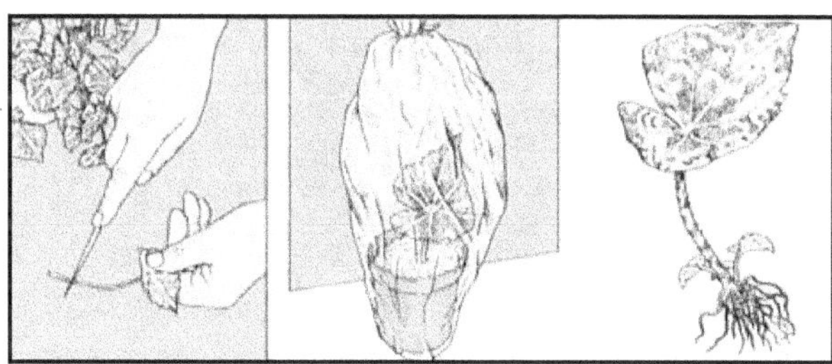

खोडाचा किंवा फांदीचा शेंड्याकडील कोवळा भाग घेऊन त्याचा उपयोग रोप तयार करण्यासाठी करतात. हे कटिंग खोडाच्या डोळ्याखाली किंवा ज्या ठिकाणाहून पान फुटले आहे त्याखाली घ्यावे. त्याचा खालील भाग सिरॅडॉक्स किंवा इतर संजीवकात बुडवावा. त्यामुळे त्याला मुळ्या लवकर फुटतात. हे कटिंग लावण्यासाठी ओलसर वाळू, कंपोस्ट किंवा खतमाती यांचे मिश्रण वापरावे. कटिंगला मुळ्या फुटेपर्यंत हे मिश्रण ओले ठेवावे. हे कटिंग वरील मिश्रणाने भरलेल्या किंवा प्लॅस्टिक पिशवीत लावावे. मात्र त्यास फार हळुवार पाणी द्यावे. किंवा कुंडीसह कटिंग झाकून टाकेल अशा प्लॅस्टिक पिशवीत हे बांधावे. या कटिंगला मुळ्या फुटल्यानंतर ते इतर ठिकाणी लावावे.

पानाचे कटिंग

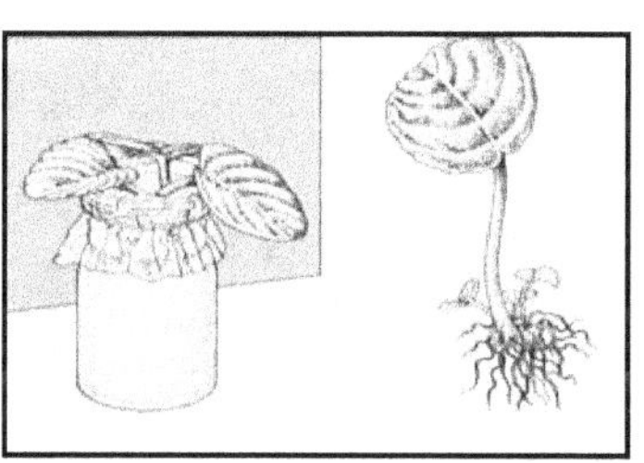

पानाचे कटिंग वाळू, पाणी किंवा व्हर्मीक्युलाईट मध्ये लावावे. पेपरोमिया, आफ्रिकन व्हायोलेट, सिंट्रापसस किंवा सन्सोव्हेरियाची पानांच्या कटिंग पाण्यात सहज मुळे फुटतात. ही कटिंग घेताना प्रत्येक कटिंग घेताना त्यात मुख्य शिरेचा भाग येईल ते पहावे.

विभाजन (डिव्हिजन)

घरशोभेची काही झाडे जुडग्यासारखी (clumps) वाढतात. यापासून रोपे तयार करण्यासाठी जुडगे मुळ्यासह वेगळे करून वेगळे वेगळे लावावेत. जुडगे वेगळे करताना प्रत्येक खोडाबरोबर मुळ्याही असाव्यात. ज्यात हे जुडगे लावले आहेत ते काही दिवस सावलीत ठेवावेत.

रनर

क्लोरोफायटम आणि सॅक्सीफ्रेंगा सरमेंटोसा या सारख्या झाडांना खोडापासून हवेत मुळे (रनर) फुटतात. त्यापासूनही रोपे तयार करता येतात. वाळू आणि पानांचे कुजलेले खत भरलेल्या लहान कुंडीत ही हवेतील मुळे लावावीत. त्यास वरचेवर पाणी द्यावे. त्याला मुळे फुटल्यावर त्याची नवीन रोपे होतात.

गुटी कलम

डिफरेन्शिया, ट्रेसिना, क्रोटान किंवा रबराचे झाड यासारख्या पासून नवीन रोपे तयार करण्यासाठी गुटी कलमाचा वापर करतात. गुटीकलमात छाटाच्या वरच्या भागात खोडाच्या सालीचा भाग (१ ते १.५ सें.मी) काढून त्यावर ओले शेवाळ बांधून वरून ते पॉलीथिनने बांधतात. काही दिवसांनी साल काढलेल्या भागातून मुळ्या फुटतात. अशाप्रकारे चांगल्या मुळ्या फुटलेल्या दिसल्यानंतर मूळ झाडापासून तो भाग कापून काढून वेगळ्या कुंडीत लावतात.

दाब कलम

या पद्धतीत झाडाची फांदी किंवा खोड झाडाला असतानाच ते जमिनीत दाबतात. या दाबलेल्या भागाला मुळ्या फुटण्यासाठी जो भाग जमिनीत गाडायचा त्या भागाला छेद देतात. त्या भागाला मुळ्या फुटल्यावर ते मूळ झाडापासून वेगळे करतात. मग ते वेगळ्या कुंडीत लावतात. त्यालाच दाब कलम म्हणतात.

टिश्श्यू कल्चर

सध्या बऱ्याच घरशोभेच्या झाडांची रोपे प्रयोगशाळेत, टिश्श्यू कल्चर पद्धतीने तयार करतात. या पद्धतीने केलेली रोपे मूळ झाडासारखीच व रोगमुक्त असतात. याशिवाय या पद्धतीने प्रयोगशाळेत वर्षभर मोठ्या प्रमाणावर रोपे तयार करता येतात. येथे ही रोपे तयार कुंडीत लावून काही दिवस हरितगृहात ठेवतात. त्यानंतर ती बाहेर नेऊन लावतात किंवा ठेवतात. सध्या भारतात या पद्धतीने अनेक झाडांची रोपे तयार करतात.

घरात ठेवायाच्या काही झाडांच्या अभिवृद्धीच्या पद्धती खालीलप्रमाणे आहेत.

(१) ॲग्लोओनेमा– शेंड्याकडील कोवळे छाटे (कटिंग) बिया किंवा खोडाचे छाटे.

(२) ॲन्थुरियम– बिया

(३) ॲकोर्तफा– शेंड्याकडील कोवळे छाटे, गुटी कलम

(४) आरोकेरिया– बिया, शेंड्याकडील भागाचे विभाजन

(५) ब्रोमेलियाडस– मुनवा, घुमारे

(६) कॅक्टस– कलम

(७) कोलियस– शेंड्याकडील कोवळे कटिंग

(८) क्रोटॉन– छाटे, गुटी

(९) ट्रोसिना– शेंड्याकडील छाटे

(१०) डिफनबेकिया– खोडाचे छाटे किंवा शेंड्याकडील छाटे

(११) आयव्ही– छाटे

(१२) फर्न– पानामागील स्पोअर्स, विभाजन

(१३) रबर प्लँट– गुटी, छाटे

(१४) आस्पॉडिटा– मुळ खोडासह विभाजन

(१५) ॲडिअंटम फर्न– स्पोअर्स विभाजन

(१६) मरांटा– छाटे

(१७) मॉन्स्टेरा– गुटी, शेंड्याकडील कोवळे छाटे

(१८) पाम्स– बी, घुमारे (ऑफ रनरस्)

(१९) पेपरोमिया– पानांचे छाटे

(२०) फिलॉडेन्ट्रान– छाटे

(२१) सॅगोपाम– घुमारे

(२२) सेन्सेन्हेरिया– घुमारे, पानांचे छाटे

(२३) क्लोरोफायटम– विभाजन

(२४) ट्रॅडेस्कॅन्शिया– छाटे

(२५) ऑफेलान्ड्रा– शेंड्याकडील छाटे

(२६) झेब्रिना– कोवळे छाटे

(२७) ॲकॅलिका– बी, छाटे

(२८) बेलोपेरॉन– छाटे

(२९) बॉटल ब्रश– बिया, गुटी

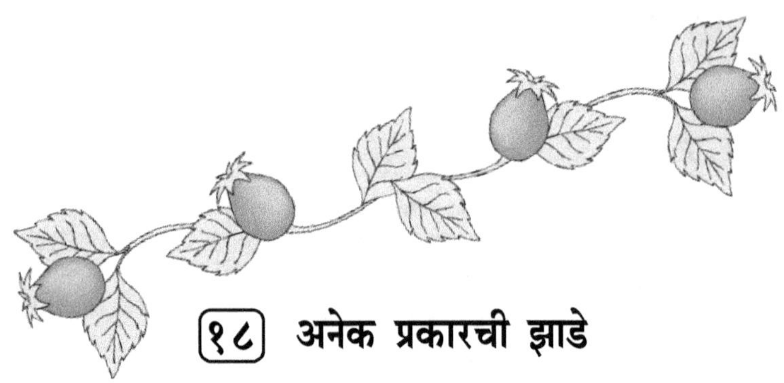

१८   अनेक प्रकारची झाडे

आतापर्यंत आपण घरातील झाडांची पुष्कळ माहिती घेतली. त्यांचे प्रकार, ती कशी लावायची, कशात लावायची, कोठे ठेवायची अशा अनेक गोष्टी जाणून घेतल्या. परंतु प्रत्यक्षात कोणती झाडे निवडायची? त्यांची नावे काय? ती कशा प्रकारची असतात, त्यांची फक्त पानेच चांगली असतात की त्यांना फुले येतात? असे अनेक विचार आपल्या मनात येतात. त्यासाठी झाडांची माहिती घेतली पाहिजे.

घरात ठेवायच्या झाडांचे अनेक प्रकार, अनेक आकार आहेत. त्यात शोभेच्या पानांची झाडे, फुलांची झाडे आणि पाने व फुले असणारी अशा अनेक प्रकारच्या झाडांचा, अगदी वाळवंटापासून उंच पर्वतासारख्या भागात वाढणाऱ्या झाडांचा समावेश होतो. परदेशातील अनेक देशातील घराप्रमाणे आपणाकडे सर्वच घरात उन्हाळ्यात हवा थंड करणारी (एअर कंडिशनर) आणि हिवाळ्यात गरम हवा करणारी साधने नसतात. त्यामुळे आपल्या घरातील झाडांना घरातील हवामानात व उपलब्ध आर्द्रतेत वाढावे लागते. त्यामुळे आपल्याकडे सर्व प्रकारची झाडे चांगल्या प्रकारे वाढतातच असे नाही. तरीही घरातील झाडांची निवड करण्यास पुष्कळ वाव आहे. कारण त्यांचे पुष्कळ प्रकार आहेत.

उपलब्ध सर्व झाडांची माहिती येथे देणे जागे अभावी शक्य नाही. तथापि घरातील शंभरपेक्षा अधिक वेगवेगळ्या झाडांची माहिती येथे देण्यात आली आहे. त्याचा उपयोग निश्चित होईल.

ही माहिती सर्वसाधारण वाचकांना त्वरित लक्षात यावी यासाठी (१) सुंदर पानांची झाडे (२) फुलांची झाडे (३) पाने व फुले यांची झाडे (४) फर्न (५) पाम (६) कॅक्टस (७) सक्युलंटस (८) हंगामी फुलणारी झाडे (९) कंदाची फुलणारी झाडे इत्यादी प्रकारात विभागणी केली आहे.

आकर्षक पानांची झाडे

घरात ठेवावयाच्या झाडात आकर्षक किंवा शोभेच्या पानांच्या झाडांना फार

महत्त्व आहे. कारण ही झाडे घरात कायम आकर्षक दिसतात. या झाडांच्या पानांचा रंग, आकार व आकर्षकता याने घरसजावटीचे सौंदर्य वाढते, अधिक खुलते. मोन्स्टेरा किंवा बिगोनिया रेक्स यासारख्या झाडांची पाने ठळक असतात. त्यामुळे घराची शोभा वाढते. त्यांचे एकेक ठळक पान घर सौंदर्यात भर टाकते. तर ऑस्प्ॅरेगस, क्लोराफायटम, कोलियस, क्रोटोन, बिगोनिया, मरांटा यांची पाने लहान असल्याने त्यांच्या सर्व पानांमुळे घराच्या सजावटीत भर पडते. त्यांची पाने अनेक रंगाची असल्याने घरातील खोलीला अधिक शोभा येते. तर क्लोराफायटम, आयव्ही, डिफेनबेकिया व ट्रॅडेस्कॅन्शिया या झाडांच्या पानावरील रेषा, त्यावरील विविध रंगांचा शिडकावा यामुळे सजावटीत भर पडते.

सुंदर, गोंडस, रंगीबेरंगी पानांची झाडे घरातील सजावटीत भर टाकतात. आपल्या घरातील वातावरणात ती चांगली रूळतात, वाढतात. अर्थात यापैकी काही झाडे बरेच दिवस चांगली वाढतात. तर काही एखाद्या हंगामापुरतीच टिकतात. अशी विविध झाडे, त्यांचे विविध प्रकार पहायला पाहिजेत. घरातील झाडे प्रामुख्याने परदेशातून आपणाकडे आली आहेत. त्यामुळे त्यांची नावे इंग्रजीतच आहेत. त्यांचे मराठी बारसे अद्याप कोणी फारसे केलेले नाही आपणास जमत असल्यास पहावे.

अग्लोनेमा (Aglaonema Commutatum)

हे झाड ६० सें.मी पर्यंत वाढते. त्याची पाने भाल्याच्या आकाराची, करड्या हिरव्या रंगाची, चकचकीत आणि भरदार असतात. घरातील सर्वसाधारण प्रकाशात आणि १८° ते २६° सें. तापमानात चांगली वाढतात. याच्या कुंडीत माती साधारण ओलसर असावी. परंतु फार ओली नसावी. हे झाड पाण्यातही वाढते. घरातील वातावरणात चांगले वाढणारे हे झाड आहे. हे झाड उभट कुंडीत ठेवावे. जोराचा वारा किंवा धूर यापासून हे झाड दूर ठेवावे. हिवाळ्यात त्यास गरम व आर्द्रतायुक्त हवामान आवश्यक असते. या झाडाचे सिल्व्हर क्विन, मलाय ब्यूटी, सिल्व्हर स्पिअर, अबिदजान, फ्रॅशेर इत्यादी काही प्रकार आहेत.

या झाडाचे रोप गुटी पद्धतीने करतात. या झाडाची कुंडी २-३ वर्षांनी बदलणे योग्य असते.

आस्पीडिस्ट्रा (Aspidistra Qurida)

या झाडास 'कास्ट आयर्न प्लॅट' असेही म्हणतात. या नावावरून हे झाड किती मजबूत आहे हे स्पष्ट होते. या जातीचे झाड फार लहान झाडाबरोबर किंवा यांचीच झाडे एकत्र लावतात.

ही झाडे १ मीटर उंचीपर्यंत वाढतात.

या झाडांची पाने तुकतुकीत हिरव्या रंगाची असतात. याच्या एका जातीच्या झाडाच्या पानावर पांढऱ्या रेषा असतात. या झाडाला खोड नसते. तसेच याची वाढ सावकाश होते. घरातील कोणत्याही परिस्थितीत हे झाड चांगले वाढते. तसेच घरातील अंधाऱ्या किंवा सावलीच्या जागीही ते वाढते. घरात झाडे प्रथमच ठेवण्यास सुरुवात करणाऱ्यांना हे झाड फार चांगले आहे. कारण त्याची फार काळजी घ्यावी लागत नाही. घराच्या पूर्व, पश्चिम किंवा उत्तर बाजूस ठेवण्यास योग्य असे हे झाड आहे. झाडाच्या बुंध्यापासून येणारी याची पाने रूंद, मोठी, उभट आकाराची आणि कातडीसारखी असतात. या झाडाची पाने साबणाच्या कोमट पाण्याने मधून मधून पुसावीत. ज्या वेळी झाडातील माती कोरडी झाली असेल त्या वेळी या झाडास पाणी द्यावे.

हिरव्या पानांची जात घरात टिकायला चांगली आहे. याची पाने हळुहळू वाढतात व जास्त दिवस झाडावर टिकून राहतात.

हे झाड कणखर असते. कोणत्याही परिस्थितीत टिकून राहते. त्यामुळे घराच्या प्रवेशदाराजवळ, दुकानाच्या काऊंटरवर किंवा गच्चीत शोभेसाठी ठेवता येते. या झाडाच्या मुळ्यांचे कंद (clums) वेगळे करून त्यापासून याची रोपे करतात. या झाडाची कुंडी ३-४ वर्षांनी बदलावी. कारण त्यावेळी कुंडीत मुळ्यांची गर्दी होते.

आरोकेरिया (ख्रिसमस ट्री)

या झाडाला ख्रिसमस ट्री असेही म्हणतात. किंबहुना त्याच नावाने हे झाड ओळखले जाते. या झाडाची वाढ फार सावकाश म्हणजे वर्षाला अधिकाअधिक १५ सें.मी होते. १० वर्षाच्या झाडाची उंची जास्तीत जास्त १.८ मीटर व रूंदी १.२ मीटर असते.

झाडाच्या मधील खोडाला काटकोनात फार संतुलीत पद्धतीने याच्या फांद्या वाढतात. त्यांना हिरवी, सुईसारखी पाने असतात. सर्वसाधारणपणे अर्ध-सावलीत हे झाड चांगले वाढते. तसेच त्याला साधारण ओलीची जमीन आवश्यक असते. फार कोरडी हवा असल्यास त्याची टोकदार हिरवी पाने तपकिरी रंगाची होऊन गळतात.

हे झाड टेबलावर मांडून ठेवता येते किंवा बैठकीच्या खोलीत ठेवल्यास शोभा वाढते. या झाडांची कुंडी लवकर बदलू नये. तसेच कोरड्या हवामानात ठेवू नये. या झाडास घन व द्रवरुप सेंद्रिय खते द्यावीत. आवश्यकता भासल्यास ३-४ वर्षांनी कुंडी

बदलावी. ज्या वेळी तापमान अधिक असेल त्यावेळी पानावर पाण्याचा फवारा मारावा.

याच्या आणखी काही जाती आहेत. बियापासून किंवा शेंड्याकडील कोवळ्या छाट्यापासून याचे रोप तयार करता येते.

ऑस्पॅरॅगस

या झाडात काही प्रकार आहेत. त्यातील एक जात भाजीसाठी वापरतात. दुसरे प्रकार स्प्रेनगिरी (ऑस्पॅरॅगस फर्न) आणि इमरॉल्ड फिदर हे आहेत. त्यापैकी स्प्रेनगिरी प्रकारात काटेरी खोडावर सुईसारखी बारीक पाने असतात. या प्रकारची झाडे लोंबकळणाऱ्या टोपलीसाठी उपयुक्त असतात. त्याला हिवाळ्यात येणारी लहान, पांढऱ्या रंगाची फुले सुवासिक असतात. तर इमरॉल्ड फर्न या प्रकारच्या झाडांचे खोड मऊ, वेलीसारखे चढणारे बारीक तारेसारखे असते. त्यावर गर्द हिरव्या रंगाची तुऱ्यासारखी पाने असतात.

ऑस्पॅरॅगसची सुईसारखी बारीक पाने कुंडीत शोभून दिसतात. घरात शोभेसाठी लावलेल्या जातींना फर्नही म्हणतात. कारण ते झाड फर्नसारखे दिसते. याच्या लहान पिसाऱ्यासारख्या पानांचा पुष्पगुच्छात किंवा फुलदाणीत फुलाबरोबर वापर केल्याने अधिक शोभा येते. यास फर्न म्हणत असले तरी ते फर्न वर्गातील नाही.

ही झाडे वाढवायला सोपी आहेत. हे झाड ९० सें.मी पर्यंत ऊंच वाढू शकते. हे झाड अधिक काळ आकर्षक दिसण्यासाठी त्याच्या फिक्कट झालेल्या फांद्या कापाव्यात. ही झाडे पाणी, प्रकाश याबाबतीत सहनशील असतात. लोंबकळणाऱ्या शिंकाळ्यात त्याचा अधिक उपयोग करतात. पावसाळ्याच्या सुरुवातीला दरवर्षी कुंडी बदलावी. झाडाच्या वाढीच्या काळात नियमित पाणी द्यावे.

झाड कशाप्रकारे वाढते ते पाहून त्याची मांडणी करावी. रांगणारा प्रकार असल्यास शिंकाळ्यात लावावा. इतर प्रकारच्या झाडांची मांडणी शोभेच्या पानांच्या कुंडीबरोबर गटात करावी. फुलझाडांच्या कुंडीच्या गटात मांडणी केल्यास अधिक आकर्षक दिसते.

या झाडाच्या मुळ्यांचे कंद वेगळे करून लावल्यास त्यापासून रोपे तयार होतात.

आलोकोरीया

आकर्षक पानांचे हे झाड आहे. याचे अनेक प्रकार आणि संकरीत जाती घर शोभेच्या झाडासाठी वापरतात. त्यापैकी महत्त्वाचे म्हणजे आलोकोरीया आर्गेरिया, आ. आमेझोनिका, आ. लोवीवार ग्रंडीस, आ. सँडेविआना, आ. झेब्रिना, इत्यादी. यापैकी आलोकोरीया आर्गेरिया प्रकारच्या झाडाच्या पानावर करड्या रंगाचे पट्टे

असतात. तर आ. आमेझोनिका प्रकारच्या झाडांची पाने गर्द हिरवी असून त्यांच्या शिरा पांढऱ्या रंगाच्या असतात. आ. लोवीवार ग्रँडसीची पाने गर्द धातूसारखी निळसर हिरवी असून त्यांच्या शिरा चंदेरी असतात. त्यांची खालील बाजू जांभळ्या रंगाची असते तर पानांच्या कडा करड्या रंगाच्या असतात. आ. सँडेरिआनाची पाने चंदेरी-हिरव्या रंगाची असून त्यांच्या शिरा पांढऱ्या असतात. तर आ. झेब्रिना प्रकारच्या झाडांची पाने तकतकीत हिरवी असून त्यांचे खोड पातळ असते. खोडावर तपकिरी झेब्राप्रमाणे रंगीबेरंगी पट्टे असतात.

आलोकोरीया 'हिलो क्यूटी' हे लहान झाड असून त्याचे देठ निळसर-काळे असतात. त्याची पाने पातळ असतात. ती सर्वसाधारणपणे हिरव्या रंगाची असून त्यावर वाकडे तिकडे रंगीत ठिपके असतात. सगळीकडे लावले जाणारे या प्रकारातील आणखी एक झाड म्हणजे आ. मॅक्रोईझा किंवा व्हेरिएगेटा. त्याचे खोड जाड असते. पाने मांसल व नागमोडी काठाची असून त्यावर फिक्कट हिरव्या रंगाचे ठिपके असतात. त्यात पांढरा रंगही असतो. या झाडात असे अनेक प्रकार आहेत.

या झाडाला चांगला निचरा होणारी माती आणि ओलसर माती लागते. झाडाला पाणीही भरपूर लागते. हे झाड अर्धसावलीत चांगले वाढते. झाडाच्या वाढीच्या काळात पंधरा दिवसातून एकदा द्रव खत द्यावे. बिया, छाटे किंवा रनर्सपासून याची रोपे तयार करता येतात.

अननस कोमोसस- ब्रोमेलियाडस

अननसाच्या कुळातील हे झाड आहे. त्याची पाने जाड मांसल असतात. या गटातील झाडांची पाने विविध आकाराची, रंगांची असल्याने घरसजावटीत त्यांना महत्त्व आहे. या गटातील झाडांची पाने कुंडीच्या बाहेरच्या बाजूला झुकतात. मात्र त्यांचा आकार समतोल असतो.

ही झाडे ५ ते ६ वर्षांची झाल्यानंतर झाडांच्या पानामधून सुंदर, तांबूस रंगाच्या फुलासारखा पर्णगुच्छ येतो. त्याला नंतर तांबूस फळही येते. परंतु ते पिकत नाही आणि खाण्यासाठीही योग्य नसते. या झाडाची उंची

१ मीटर व घेर २ मीटर पर्यंत असू शकतो. या गटातील झाडे वाढवायला फारशी अवघड नसतात. लहान कुंड्या व गटात ही रंगीबेरंगी झाडे मांडून ठेवल्यास फार आकर्षक दिसतात.

या झाडाच्या प्रकारात (ब्रोमेलियाडस) पुढील प्रकारच्या झाडांचा समावेश होतो.

(१) अननस सटाव्हस

(२) स्टार फिश प्लँट

(३) निडुलेरियम इनोसेंटाय (बर्डस नेस्ट ब्रोमेलियाडस)

(४) गुझेमानिया लिंगालेटा

(५) टिलांडसीया आयोनान्या

(६) व्ही ब्रेसोया स्प्लेन्डन्स

(७) नेरोगोलिया कॅरोलीनी ट्रायकलर

या झाडांना भरपूर सूर्यप्रकाशाची आवश्यकता असते. तरीही ती सूर्यप्रकाशात ठेवू नयेत. खोलीत असणाऱ्या ५०° फॅ. तापमानात ही झाडे वाढतात. या झाडांना अधिक पाणी मानवत नाही. कारण यांच्या मुळ्या नाजूक असतात.

या झाडाच्या बुडाशी येणाऱ्या नवीन फुटव्यापासून झाडांची रोपे तयार करतात.

बिगोनिया रेक्स

आपल्या घरात लावण्यासारखी अनेक झाडे आहेत. त्यात बिगोनिया रेक्स किंवा रेक्स बिगोनिया फार महत्त्वाचे आहे. या झाडात नानाविध प्रकार आहेत. या झाडाच्या कुटुंबात बाराशे उपप्रकार आहेत. तर त्यापासून तयार झालेल्या हायब्रीडची संख्या मोजता येणे अवघड आहे. अत्यंत आकर्षक अशा पानांची ही झाडे आहेत. काही जातींना तर फार सुंदर फुले येतात. रेक्स बिगोनिया हा बिगोनियातील मोठा गट आहे.

बिगोनिया या देखण्या वनस्पतीचा जन्म उष्ण कटिबंधात झाला आहे. परंतु रेक्स बिगोनिया ही अतिशय सुंदर आकर्षक रंगाच्या पानांची झाडे मुळची आसामची आहेत. त्यामुळे ही झाडे आपल्या हवामानात चांगली वाढतात.

बिगोनियाची दुसऱ्या तीन गटांची झाडे आपल्या दमट व उष्ण हवामानात चांगली जगतात. ही सर्व झाडे सेंपल फ्लोरेंस प्रकारची आणि त्यापासून तयार केलेल्या संकरींत प्रकारांची आहेत. त्यांच्या दांड्या वेतासारख्या असतात. या सर्व झाडांना वाढण्यासाठी

चांगल्या प्रकाशाची आवश्यकता असते. सुमारे एक तासाचा सूर्यप्रकाश त्यांना पुरेसा होतो. सकाळी सुरुवातीस किंवा सायंकाळी सूर्य मावळण्यापूर्वी ही झाडे थोडा वेळ उन्हात ठेवल्यास त्यांची वाढ चांगली होते.

सर्व बिगोनियात फार आकर्षक प्रकार म्हणजे बिगोनिया मॅसोनियाना हा आहे. मलेशियातील आयरन क्रास बिगोनिया असेही त्याला म्हणतात. या झाडाच्या प्रत्येक पानावर चॉकलेट तांबूस रंगाची फुली असते. बिगोनिया मार्गरिटासियाची पाने गुलाबी रंगाची असतात. त्यांच्यावर एक प्रकारची चंदेरी चमक असते. त्यामुळे ही जात आकर्षक ठरते. या दोन्ही प्रकारांना सुंदर व नाजूक फुले येतात.

सेंपल फ्लॉरेन्स आणि केन प्रकारच्या झुडुपांच्या अनेक बिगोनिया आपल्या हवामानात चांगल्या वाढतात. त्यांना छान फुलेही येतात.

या झाडांची उंची ३० सें.मी. पर्यंत आणि घेर ९० सें.मी असतो. बिगोनियाच्या सर्व जातींना नियमितपणे खत द्यावे. या झाडांना पाणी फार लागत नसले तरी माती ओली राहण्यापुरते हवे. देठ, दांडा किंवा पानांच्या कटिंगपासून याचे रोप करता येते.

कॅलॅडियम

कॅलॅडियमची पाने विविध आकाराची, विविध रंगाची उधळण केलेली असतात. पाने बाणासारखी टोकदार असतात. त्यावर रंगाच्या अनेक छटा असतात. पाने गर्द हिरव्यापासून ते पांढऱ्या रंगापर्यंत असतात. तसेच पानावर निरनिराळ्या रंगांचे चट्टे, शिरांना विविध रंग अशी रंगांची विविधता आढळते. तर काहींची पाने संगमरवरासारखी असतात. त्यांच्या शिरा रंगीत असून कडाही वेगळ्या रंगाच्या असतात.

या प्रकारची झाडे ४५ ते ६० सें.मी उंचीची असतात. अर्थात हिरव्या रंगाच्या पानांची उंची २० ते २५ सें.मी पर्यंत असते. या झाडांच्या पानांच्या रंगाप्रमाणे त्यांची एकत्र मांडणी करून घरात अधिक शोभा आणता येते.

कडक ऊन किंवा वारा या झाडास सोसत नाही. तशा परिस्थितीत झाड ठेवल्यास त्याची पाने वाळून झाड मरण्याची शक्यता असते. कॅलेडियम अधूनमधून सावलीत ठेवावे. या झाडास आर्द्रतेची फार आवश्यकता असते. म्हणून आर्द्रता अधिक असलेल्या ठिकाणी हे झाड ठेवावे.

या झाडाचे रोप त्याच्या कंदापासून करतात. कुंडीतील बाजूचे कंद रोपासाठी

वेगळे काढून ठेवल्यास झाडाची वाढ योग्य आकारमानात होते. कॅलेडियमचा एक कंद मार्च ते मे महिन्यात २० ते २५ सें.मी आकाराच्या कुंडीत १ सें.मी खोल लावावा. ती कुंडी ओलसर राहील आणि त्याजवळ फार थंड हवा असणार नाही याची काळजी घ्यावी.

कुंडीतील माती नेहमी ओलसर राहील याची काळजी घेऊन ती सावलीत ठेवावी. तसेच आठवड्यातून एकदा द्रवरुप खत द्यावे. पावसाळ्यात पानावरील रंग फिक्कट होऊ लागल्यास पाणी कमी करून माती कोरडी होईल हे पहावे. त्यानंतर त्यातील कंद काढून व्हरांड्यात कुंडीत ठेवावेत. किंवा त्यांना सावलीत वाळवून कोरड्या वाळूत उथळ पेटीत ठेवावे. हिवाळा संपल्यानंतर हे कंद पुन्हा लागवडीसाठी वापरावेत.

कोलीयस

पानांच्या विविध व आकर्षक रंगामुळे या झाडाला गरीबांचा क्रोटान म्हणतात. हे झाड वाढवायला व जोपासायला फार सोपे आहे. सूर्यप्रकाश येणाऱ्या ठिकाणी घरात हे झाड ठेवल्यास फार चांगले वाढते. या झाडाची उंची ०.६ ते १ मी. असते. त्याच्या पानांचा रंग फार आकर्षक असतो. त्याची पाने कातरलेली किंवा करवतीसारखी दातेरी असतात. कोलीयसच्या काही जातींची पाने अरूंद आणि मांसल असतात. त्यांच्या कडा मांसल असतात. तर त्यांच्या शिरा गुलाबी असून त्या तांबूस रंगाच्या लाल होतात. पानांचा रंग हिरवा, गर्द हिरवा, पिवळसर हिरवा, कथला सारखा, मरून, गुलाबी, तांबूस, पिवळा, पांढरा, क्रीम इत्यादी असतो. बहुतेक पानांच्या कडा काळपट असतात. पाने एकाच रंगाची असतात

किंवा त्यावर विरोधी रंगाचे पट्टे किंवा ठिपके असतात. पानांचा आकार झाडांच्या प्रकारानुसार ४ ते २० सें.मी असतो.

ही झाडे एका वर्षात ४५ सें.मी उंचीपर्यंत वाढू शकतात. त्यांची उंची कमी होऊन ती झुडुपासारखी वाढावीत यासाठी त्यांचे शेंडे चिमटावे लागतात.

ज्या खोलीत विविध रंगाचे पडदे आहेत अशा खोलीत ही झाडे अधिक शोभून दिसतात.

कोलीयसच्या झाडास कुंडीत पाणी साचून राहिल्यास मानवत नाही. म्हणून कुंडीतील माती चांगला निचरा होणारी असावी. आठवड्यातून एकदा द्रवरुप खत दिल्यास उपयुक्त असते. कुंडीतील वरच्या बाजूची २.५ सें.मी. माती काढून त्याठिकाणी चांगले कुजलेले शेणखत टाकल्यास ते झाडास फायद्याचे असते.

निळसर फुलांचे तुरे येण्यास सुरुवात झाल्याबरोबर ते काढावेत. त्यामुळे झाडाची वाढ चांगली होते. पावसाळ्यात कोलीयसची पाने फिक्कट पडण्यास सुरुवात होते. अशी झाडे व्हरांड्यात किंवा ज्याठिकाणी सावली आहे अशा ठिकाणी पुढील हंगामापर्यंत ठेवावीत.

कोलीयसच्या बियापासून किंवा खोडाच्या शेंड्याच्या छाट्यापासून याचे रोप करता येते. बियापासून रोपे केल्यास झाडाच्या रंगात आणि आकारात फरक आढळतो. काही ठिकाणी या झाडांना बी येत नाही. तसेच बियापासून केलेल्या रोपांची वाढ सावकाश होते. म्हणून झाडावर गुट्या बांधून रोपे करणे फायद्याचे असते. छाट्यापासूनही रोपे करता येतात. ही रोपे पावसाळ्यात करावीत.

कॅलाथिया झेब्रिना

कॅलाथिया झेब्रिना हे मरांटा झाडासारखेच असल्याने अनेक कॅटलागमध्ये हे झाड मरांटा म्हणूनच दाखवितात. या झाडाची उंची ३० सें.मी. किंवा अधिक असते. याची पाने लांब, भाल्याच्या आकाराची, फिक्कट हिरव्या रंगाची आणि मधल्या शिरेच्या बाजूला काळसर खुणा असलेली असतात. खालच्या बाजूचा रंग जांभळा असतो. हे झाड सावलीत आणि दमट हवामानात चांगले वाढते. जर हे झाड उन्हात ठेवले तर त्याची पाने तांबूस होऊन गोळा होतात. नळाच्या पाण्याने आठवड्यातून एकदा तरी याची पाने धुवावीत

या झाडाचे आणखी काही प्रकार आहेत. त्यापैकी कॅलाथिया माकोयाना याला मोराचे झाड (पिकॉक प्लँट) असे म्हणतात. कारण याची पाने मोराच्या पिसासारखी दिसतात. गर्द हिरव्या रंगाने ही पाने हातानेच रंगविली आहेत असे वाटते. या प्रकारच्या झाडाची उंची १ मीटरपर्यंत आणि झाडाचा घेर ६० सेंमी. पर्यंत असतो. या जातीची लहान झाडे बाटली किंवा काचेच्या हंडीत लावतात. या झाडालाही आर्द्रता आवश्यक असल्याने ती ट्रे मध्ये लावून ट्रेमध्ये ओलसर गारगोट्या किंवा लहान दगड ठेवावेत.

याची कॅलाथिया ओरनाटा प्रकारची झाडे बुटकी व सावकाश वाढणारी असतात. त्यांची पाने गर्द जांभळी असून त्यावर मधल्या शिरेच्या बाजूला तांबूस रेषा असतात. त्यामुळे ती पाने आकर्षक दिसतात.

क्लोरोफायटम

हे लवकर वाढणारे, कमानासारखी खाली पाने असणारे सुंदर पानांचे झाड आहे. त्याची पाने लांब असून ती दाट समूहात, अरूंद आकाराची असतात. त्यावर पांढरे किंवा पिवळ्या रंगाचे पट्टे पानाच्या मध्यभागी असतात. हे झाड उत्तरेकडील किंवा पूर्वेकडील खिडकीत ठेवण्यास अधिक योग्य असते.

या झाडाला अधिक ओलाव्याची गरज असते. तसेच द्रवरूप खते दिली असता त्याची वाढ चांगली होते. या झाडाच्या बाजूला खाली वाकणाऱ्या खोडाच्या शेवटी कोवळी लहान लहान रोपे दिसतात. त्यामुळे झाड अधिक आकर्षक दिसते. तसेच यापासून नवीन रोपे तयार करता येतात. रंगीबेरंगी पाने असणारी या जातीची जात अधिक आकर्षक दिसते आणि त्याचीच लागवड प्रमुख्याने होते.

या झाडातील क्लोराफायटम कास्मोसम 'व्हिटॅटम' या जातीच्या झाडाला लांब आकाराच्या पानांचा समूह असतो आणि त्या पानावर मध्यभागी पांढरा शुभ्र पट्टा असतो. तर क्लो. कॉस. 'मिस्कि वे' या जातीच्या पानावर रुंद पिवळसर रंगाचा पट्टा मध्यभागी असतो. पानांच्या कडा हिरव्या असतात.

या झाडाची पाने ६० सें.मी. पर्यंत लांब वाढतात. या कुंडीत किती झाडे आहेत त्यावर या झाडाचा घेर अवलंबून असतो.

या झाडाची कुंडी करताना वर ३ सें.मी. जागा मोकळी ठेवावी. त्यात वरील मुळ्या वाढतात.

सिसस डिसकलर

वेलीसारखे वाढणारे हे एक झाड आहे. या झाडाला लांब, अरूंद, अंडाकृती आकाराची खाली वाकणारी पाने असतात. त्या पानावर तांबडे, चंदेरी, आणि तकतकीत हिरव्या रंगाचे ठिपके मधील शिरेजवळ असतात. तर पानाच्या खालील बाजूस किरमिजी रंगाचे ठिपके असतात. झाडाचे खोड फिक्कट तांबडे असते. हे झाड थोडेसे उष्ण, आर्द्रतामय वातावरणात आणि अर्ध सावलीत चांगले वाढते. याची चांगली वाढ होण्यासाठी त्याला द्रवखते वेळेवर देणे आवश्यक असते.

सिसस अंटार्टिका ही एक जात या प्रकारात असून तिला 'कांगारू वेल' असेही म्हणतात. याची पाने द्राक्षाच्या पानासारखी गर्द हिरवी व कडेला कातरलेली असतात. हा प्रकार म्हणजे द्राक्षवेलीची बहीणच समजतात. ही जात मूळची ऑस्ट्रेलियातील असून ती थंड हवामानात चांगली येते.

या झाडातील आणखी दोन प्रकार म्हणजे सि. सिक्व्हायडस आणि सी. स्ट्रएटा हे आहेत. त्यांना हाताच्या पाच बोटासारखी पाने असतात. याची पाने मोठी असतात.

या झाडात आणखी काही प्रकार आहेत.

क्रोटान

क्रोटान त्यांच्या ठळक, जाड व विविध रंगांच्या, विविध आकारांच्या पानांमुळे घरसजावटीत महत्त्वाचे झाड आहे. हे झाड थोड्या उष्ण व आर्द्रता असणाऱ्या हवामानाला चांगले येते. म्हणूनच बंगलोर, म्हैसूर, पुणे, कलकत्ता आणि त्या शेजारच्या भागात चांगले येते. परंतु पंजाब, दिल्ली आणि त्या शेजारच्या भागात हिवाळ्यात फार थंड आणि उन्हाळ्यात फार उष्ण व कोरडे हवामान असल्याने त्या ठिकाणी क्रोटान चांगले येत नाही. ६०° पेक्षा कमी तापमान या झाडाला मानवत नाही.

हे झाड झुडुपासारखे ऊंच असून ते कुंडीतही चांगले येते. या झाडाची ऊंची ९० सें.मी. पर्यंत असते. क्रोटानची पाने विविध रंगांची व आकारांची असतात. त्यांचे किती रंग सांगायचे? लाल, गुलाबी, काळा, किरमिजी, पिवळा, नारिंगी, हिरवा, क्रीम अशा अनेक रंगांची यांची पाने असतात. त्यांचा आकारही असा विविध प्रकारचा असतो. लांब, अरूंद, दुमटल्यासारखी, स्क्रूसारखी, रिबनप्रमाणे, अंडाकृती अशा अनेक आकाराची पाने असतात.

झाडाचे वय वाढेल तशी त्याची खालची पाने गळतात. परंतु हवामानात भरपूर आर्द्रता असल्यास पाने गळत नाहीत. पानांना चांगला रंग येण्यासाठी ती चांगल्या सूर्यप्रकाशात ठेवावीत. क्रोटानच्या शेकडो जाती सध्या उपलब्ध असून अनेक नवीन जाती विकसित केल्या आहेत.

क्रोटानच्या शेकडो जाती, त्यांची रंगबेरंगी आणि अनेक आकाराची पाने यामुळे क्रोटान झाडास घरात ठेवायच्या पानांच्या झाडात अद्वितीय स्थान आहे. इतके ते आकर्षक आहे. व्हरांडा किंवा पोर्चमध्ये ठेवण्यास हे झाड योग्य आहे. परंतु घरात ते चांगले वाढत नाही. तथापि त्याच्या अद्वितीय सौंदर्यामुळे ते घरात ठेवायला हरकत नाही. मधून मधून ते सूर्यप्रकाशात ठेवावे. त्यास भरपूर पाणी द्यावे.

हिवाळ्यात उबदार हवामान मिळेल अशी काळजी घ्यावी. पाण्याने याची पाने मधून मधून धुणे फायद्याचे असते. बंगलोर येथील लालबाग बोटॅनिकल गार्डनमध्ये क्रोटानच्या शेकडो सुंदर जाती मिळतात.

कॉर्डीलाईन

ही झाडे ट्रोनिया सारखी असतात. याची झाडे सरळ परंतु कमी उंचीची म्हणजे १.२ मिटर पर्यंत उंचीची असतात. त्यांचा घेर ४५ सें.मी. पर्यंत असतो. या झाडास उबदार हवामान व चांगला सूर्यप्रकाश लागतो. तसेच त्यास भरपूर पाणी लागते. हे झाड वाढवायला फारसे अवघड नाही.

या झाडाची पाने मोठ्या आकाराची असतात. त्याची पाने पिवळसर ते ब्रांझ पर्यंत अनेक रंगांची असतात. त्यांच्यावर पांढऱ्या, तांबड्या किंवा तपकिरी रंगाच्या छटा असतात. पानांची लांबी व रुंदी कमी जास्त प्रमाणात असते. त्यांच्या पानांचा अनियमित आकार असतो. पाने गुलाबी, हिरवा, गर्द तांबडा आणि हिरव्या रंगाची असतात.

कॉर्डीलाईनच्या काही चांगल्या प्रकारच्या झाडात पुढील प्रकारांचा समावेश होतो.

१) अमाबिलिस २) बेबीडॉल ३) बिग डॉल ४) मागरिट स्टोरी

५) महात्मा ६) ब्रांझ ब्यूटी ७) रेड एज ८) व्हाईट एज ९) नॉर्वोडेन्सिस

१०) नेगरी ११) असाट्टी

शेंड्याकडील खोडाचे कटिंग जमिनीत किंवा कुंडीत लावून याचे रोप तयार करता येते.

या झाडास उबदार हवामान व साधारण सूर्यप्रकाश मानवतो. तसेच पाणीही प्रमाणात द्यावे. आर्द्रतेची आवश्यकता असते. झाडाची काळजी घ्यावी लागते. वाढीच्या काळात द्रवरूपी नत्रखत अधूनमधून द्यावे. उन्हाळ्यात सूर्यप्रकाश टाळावा. उन्हाळ्यात पानावर पाण्याचा फवारा मारणे फायद्याचे असते.

कॉलमनिआ

लोंबकळणाऱ्या टोपलीत ठेवण्यासाठी हे एक चांगले वेलीसारखे झाड आहे. त्याची पाने लहान, गोल आकाराची, नाना रंगी असतात. त्याची फुले तुतारीच्या आकाराची नारिंगी, लाल, शेंदरी रंगाची असतात.

या झाडाला वर्षातून कधीही फुले येतात.

मोठ्या झाडाला एकावेळा १०० पर्यंत फुले लागतात. या झाडाच्या खोडाची लांबी १.२ मीटरपर्यंत असते.

या झाडास उष्ण हवामान आणि साधारण सूर्यप्रकाश आवश्यक असतो. तसेच भरपूर आर्द्रता आणि सर्वसाधारण पाणी लागते. हे झाड नाजूक असल्याने त्याची काळजी घ्यावी लागते.

क्रिप्टँथस (अर्थस्टार प्लँट)

ब्रोमेलीयाडस मधील हे एक महत्त्वाचे झाड आहे. हे बुटके आणि जवळ जवळ खोड नसलेले झाड आहे. त्याचा आकार स्टारफिश सारखा असतो. ते फार सावकाश वाढते. ब्रोमेलियाडस झाडाच्या प्रकारात या झाडाची पाने फार आकर्षक रंगाची असतात. त्यांची पाने अणकुचीदार टोकाची,

पानावर पिवळसर रंगाचे उभे दोन पट्टे असतात. झाड सूर्यप्रकाशात ठेवल्यास या पट्ट्यांचा रंग गुलाबी किंवा गर्द तांबडाही होतो. याची पांढऱ्या रंगाची फुले पुंजक्याने येतात आणि ती पानाखाली असतात.

या झाडाला उबदार हवामान व भरपूर सूर्यप्रकाश मानवतो. फारसे पाणी लागत नाही. झाडाची फारशी काळजी घेण्याची जरूरी नसते.

झाडाला फुले येईपर्यंत पानांची लांबी १५ ते २० सें.मी. पर्यंतच वाढते. कारण याची वाढ सावकाश होते. फुले येऊन गेल्यानंतर पाने कापावीत. त्यामुळे त्याच्या शेजारचे फुटवे वाढतात.

सायपरस अल्टरनिफोलिअस (अंब्रेला प्लँट)

या झाडाचे खोड रिबनप्रमाणे असते. त्यांच्या शेंड्यावर छत्रीच्या काड्याप्रमाणे दिसणाऱ्या गर्द हिरव्या रंगाच्या गवताच्या काड्याप्रमाणे पाने असतात. त्यामुळेच त्यास छत्री झाड असेही म्हणतात. हे झाड सदाहरित असते. तसेच त्यास भरपूर

सूर्यप्रकाश, भरपूर पाणी आणि उत्तम जमीन मानवते. पाणी साठणाऱ्या जमिनीतही ते चांगले वाढू शकते. यास योग्य हवामान मिळाल्यास त्याची उंची १.२ मीटरपर्यंत वाढू शकते.

उथळ तबकात थोडे पाणी भरून त्यावर या झाडाचे भांडे ठेवावे. या पाण्यात थोडे लहान लहान दगड ठेवावेत. त्यामुळे त्यास योग्य आर्द्रता मिळेल. त्यास वरचेवर द्रवखत द्यावे. कोरड्या हवामानात याच्या पानांचे शेंडे तांबूस होतात. डिश किंवा द्रोणासारख्या भांड्यात लावण्यासाठी हे झाड अधिक योग्य असते. याच्या बुटक्या जाती 'ग्रेसिलीस' आणि 'नानास' घरात लावण्यासाठी फार चांगल्या आहेत. 'व्हरिऐगेट्स' ही विविधरंगी जातही यात असून त्याच्या पानावर पांढरे पट्टे असतात. अर्थात या रंगीत जातीस भरपूर सूर्यप्रकाशात ठेवावे लागते. त्यास वरचेवर द्रवखते द्यावीत अन्यथा त्यावर रंग रहात नाहीत.

या झाडाची कुंडी वरचेवर बदलू नये. मुळांनी सर्व कुंडी भरली असेल तरच ती बदलावी. तसेच कुंडी बदलताना त्यात पूर्वीइतकीच माती घालावी. जर झाड मोठ्या कुंडीत लावण्याची आवश्यकता नसेल तर वरील माती काढून त्याठिकाणी चांगली माती घालावी.

डिफेनबेकिया

हे आकर्षक रंगाच्या पानांचे झाड घरसजावटीसाठी फार लोकप्रिय आहे. या झाडास इंग्रजीत डम्ब केन असेही म्हणतात. कारण या झाडाचा रस विषारी असतो. तो अगदी थोडा जरी जिभेला लागला तर जीभ काही काळ लुळी पडते. म्हणून या झाडापासून लहान मुलाना सांभाळावे लागते. तसेच या झाडाचे कटिंग घेतल्यानंतर हात चांगले साबणाने धुवावेत. याची खालची पाने झडल्यावर ते अनेकदा पाम झाडासारखे दिसते. झाड उंच वाढल्यावर त्याचे खोड कापून काढल्यावर नवीन पाने फुटून झाड पूर्वीसारखे आकर्षक दिसते.

या झाडाची पाने आकर्षक आणि रंगीबेरंगी रंगाची असतात. या झाडाची उंची १.५ मीटर पर्यंत वाढते. त्याचा घेर ६० सें.मी. पर्यंत पसरतो. याची पाने भाल्याच्या आकाराची गर्द हिरव्या रंगाची, रूंद असतात. पानांच्या मध्यभागी पिवळसर किंवा पांढऱ्या रंगाचे अनियमित आकाराचे ठिपके, पट्टे असतात.

या झाडास सौम्य सूर्यप्रकाश मानवतो. परंतु त्यास सूर्यप्रकाशात ठेवू नये. कुंडी ओलसर ठेवावी. परंतु कुंडीत पाणी साठू देऊ नये. घरातल्या चांगल्या प्रकाशातही

हे झाड चांगले वाढते. पानावरील धूळ मधूनमधून पुसावी. वर्षाआड कुंडी बदलावी.

या झाडाच्या गुटी कलमापासून याची रोपे करतात. किंवा २-३ डोळे असलेली याची कटिंग घेऊन ती कुंडीत आडवी लावतात. त्या डोळ्यांच्या ठिकाणापासून फूट फुटून रोप तयार होते.

याची 'एक्झॉटीका' ही एक चांगली जात आहे. त्याची पाने लहान, रूंद, अणकुचीदार टोकाची, मधील शिरेच्या शेजारी पिवळसर पांढऱ्या रंगाचा भाग असलेली असतात.

त्याशिवाय या झाडाचे 'रुडॉल्फ रोअर्स', 'पिक्टा', 'मॅक्युलीटा' इत्यादी प्रकारही आकर्षक आहेत.

डिझीगोथिका इलेगंटीसिमा

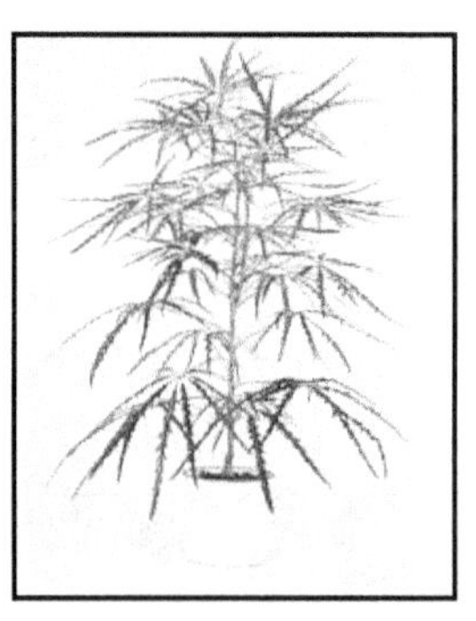

याचे झाड ऊंच आणि सरळ असते. त्याला एकच पातळ खोड असून त्याला अरुंद आकाराची बरीच पाने असतात. ही पाने लांब पातळ देठावर सगळीकडे पसरलेली असतात. झाडाचे वय वाढेल तशी पाने रुंद होतात. याचे खोड आणि पाने गर्द तांबेरी रंगाची असतात. त्यांच्या शिरा हिरवट असतात. या झाडाची ऊंची २ मीटर- पर्यंत वाढते. तर घेर ६० सें. मी. पर्यंत असतो. वाढणारे शेंडे चुरगळावेत म्हणजे झाड फार न वाढता झुडुपासारखे वाढेल.

हे झाड अर्धसावलीत वाढते. त्यास उबदार व आर्द्रता असलेले हवामान मानवते. त्यास द्रवरूप खते द्यावीत. ओल्या गारगोट्या भरलेल्या तबकात हे झाड ठेवल्यास त्यास योग्य ती आर्द्रता मिळते. दोन वर्षातून एकदा याची कुंडी बदलावी.

ड्रेसिना

आपण घरात शोभेची अनेक झाडे ठेवतो. त्यात ड्रेसिनाचे झाड अवश्य हवे. कारण मोठ्या हॉलमध्ये किंवा बैठकीच्या खोलीत ठळक व आकर्षक पानांची ड्रेसिनाची कुंडी शोभा वाढविते. या झाडाला घरातील जिवंत शिल्प म्हणायला हरकत नाही.

ड्रेसिना हे उष्ण कटिबंधातील सदाहरित पानाच्या गटातील झाड आहे. मोठ्या सार्वजनिक इमारतीत ड्रेसिनाचे ऊंच झाड त्या इमारतीला उठाव आणते. याचे १०० किंवा त्यापेक्षा अधिक प्रकार आढळतात.

त्यापैंकी काही लहान, छोटी झुडुपे असतात. ती कुंपणासाठी लावल्यास छान दिसतात. तर काही कुंडीतली झाडे घराला चांगली शोभा देतात. ड्रेसिनची बरीच झाडे आटोपशीर आकारातच वाढतात.

ड्रेसिनची झाडे दिसायला पामसारखी दिसतात. अरूंद, लांबट, वक्राकार, अणकुचीदार टोके आणि वरवर वाढत जाणाऱ्या पानांची ही झाडे आकर्षक दिसतात.

ड्रेसिनचे झाड ज्या जमिनीत चुन्याचा काही अंश आहे अशा सुपीक मातीत चांगले वाढते. या झाडाखाली तीन भाग खत, एक भाग वाळलेला पालापाचोळा, दोन भाग तांबूस माती, एक भाग वाळू यांचे मिश्रण अधिक चांगले असते. वाळुतच चुन्याचे खडे थोड्या प्रमाणात मिसळावेत. त्यामुळे झाडाच्या पानाना आकर्षक रंग येतो.

सर्वसाधारणपणे या झाडाना लहान भांडी लागतात. त्यांना अप्रत्यक्ष किंवा परावर्तित प्रकाश चांगला मानवतो. त्याना नियमित पाणी द्यावे. तसेच जादा पाण्याचा निचरा होण्यासाठी कुंडीच्या तळाशी छिद्रे असावीत. या झाडांच्या पानावर अधूनमधून खूप पाणी मारावे. त्यामुळे झाडे चांगली वाढून अधिक आकर्षक दिसतात.

या झाडाचे रोप त्यांच्या फुटव्यापासून, झाडाच्या मुळाशी असणाऱ्या सकर्सचे भाग करून, देठाच्या कटिंगपासून किंवा गुटी कलम करून तयार करता येते.

ड्रेसिनाची झाडे कुंडीत मोठी होतील तशी कुंडी बदलावी. या झाडाला दमट हवामान मानवते. तसेच झाडाच्या वाढीच्या काळात द्रवरूप खत वरचेवर द्यावे. उन्हाळ्यात झाड सूर्यप्रकाशात ठेवू नये.

ड्रेसिनचे तीन प्रकार वाढवायला व जोपासायला सोपे असतात. ते असे - ड्रेसिना मर्जिनेटा, ड्रेसिना ड्रॅकी, कॉर्डीलाईन आस्ट्रॅलिस. या झाडांची फारशी काळजी घेतली नाही तरी ती चांगली वाढतात. तसेच या प्रकारातील झाडे कमी उजेड व थंडी सहन करू शकतात.

ड्रेसिनाकार्डीलाईनमध्ये

१) कॉर्डीलाईन टर्मिनॅलीस, कॉर्डीलाईन स्ट्रीक्टा आणि कॉर्डीलाईन ऑस्ट्रॅलिस हे प्रकार आहेत. पामच्या आकाराचे ड्रेसिनामध्ये पुढील प्रकार येतात.

१) ड्रेसिना मार्जिनेटा

२) ड्रेसिना फ्रॅगन्स

३) ड्रेसिना ड्रॅकी

ड्रेसिनाची निवड

ड्रेसिना झाडाची काही वैशिष्ट्ये आहेत. त्यानुसार त्यांची निवड करावी - त्यात

पुढील तत्वे ध्यानात ठेवावीत.

     ड्रेसिना   प्रकार

१. वाढवायला व जोपासायला सोपे   कॉर्डीया आस्ट्रेलिस, ड्रेसिना मार्जीनेटा, ड. ड्रॅको,

२. उंच खोडाचा   ड्रेसिना फ्रॅग्रन्स

३. सर्वात आकर्षक पानांचा   कॉर्डीया टर्मिनालीस, ड्रेसिना मार्जीनेटा, ट्रायकलर, ड्रेसिना डेटिमेन्सीस बौसी.

४. सर्वात लहान पानांचा   ड्रेसिना सॅडेरियाना.

५. सर्वात मोठ्या पानांचा   ड्रेसिना मॅसेजियाना.

ड्रेसिनाच्या काही सहजपणे मिळू शकणाऱ्या झाडांची अधिक माहिती पुढे दिली आहे.

१. ड्रेसिना डेरेमन्सीज - या झाडाची पाने साधी हिरव्या रंगाची असतात. हे झुडुपाप्रमाणे किंवा ऊंचही वाढते. या झाडावर नियमितपणे पाणी फवारल्यास पाने चकचकीत राहतात.

२. ड्रेसिना सँडेरियाना - या झाडाची पाने हिरव्या रंगाची आणि त्याच्या कडा पांढऱ्या रंगाच्या असतात. हे झाड नाजूक व वर सरळ वाढणारे आहे. त्यास फांद्या फुटत नसल्याने एका भांड्यात २-३ झाडे लावता येतात. याची वाढ सावकाश होते. परंतु ९० सें.मी. पर्यंत त्याची ऊंची वाढू शकते.

ही जात अर्ध सावलीत चांगली वाढते. त्याला उष्ण व दमट हवा मानवते. द्रवरूप खत याला द्यावे. याचे भांडे वरचेवर बदलू नये.

३. ड्रेसिना मार्जीनेटा - याला 'रेनबो प्लँट' असेही म्हणतात. त्याचे कारण त्याची पाने रंगीबेरंगी असतात. त्यास 'ट्रायकलर' असेही नाव आहे. कारण त्याची पाने लांब, जाड, मांसल, अरूंद, आणि तीन रंगाची (हिरवा, पिवळा, तांबडा) असतात. याच्या हिरव्या पानावर तांबड्या किंवा गुलाबी रंगाची किनार असते. पाने जून झाल्यावर ती पिवळी पडून गळतात.

ट्रायकलर झाडाची ऊंची १.५. सें.मी. पर्यंत आणि घेर ४.५ सें.मी. असतो. या झाडांना ओली माती मानवते. तसेच अर्धसावलीत ती चांगली वाढतात. प्रखर सूर्यप्रकाशात किंवा कोरड्या हवामानात याच्या पानांचे शेंडे सुकून तपकिरी होतात. ज्यावेळी झाडाची जुनी पाने गळतात त्यावेळी त्यापासून गुटी कलम बांधून नवीन झाडे तयार करता येतात.

४. ड्रेसिना डेरेमन्सीस वार्नेकी - ऊंच वाढणारी आणि आकर्षक अशी ही जात आहे. याची पाने तलवारीसारखी लांब, रूंद आणि चकाकणारी असतात. पानाच्या मधील भाग पांढरा-हिरवा असतो. तर कडा हिरव्या असतात आणि

त्याच्या शेजारी दोन पांढरे लांब पट्टे असतात. त्यामुळे ही झाडे फार आकर्षक दिसतात. ते जिवंत देखणे शिल्प भासते. या झाडाला अप्रत्यक्ष प्रकाश मानवतो.

इपीससिया

या झाडास 'फ्लेम व्हायोलेट' असेही म्हणतात. हे झाड अर्धवेलीसारखे वाढणारे असून त्याची पाने फार आकर्षक असतात. त्याची फुलेही सुंदर असतात. लोंबकळणाऱ्या टोपल्यासाठी हे झाड चांगले आहे. कारण ते वेलीसारखे वाढते. उष्ण हवामान आणि अप्रत्यक्ष सूर्यप्रकाश या झाडाला मानवतो.

या प्रकारातील 'अर्केजौर' ही जात फार आकर्षक असून त्याची पाने चंदेरी रंगाची असतात. पानावर गर्द तपकिरी रंगाच्या खुणा असून त्याची फुले नारिंगी-तांबडी असतात. यातील 'चॉकलेट सोल्जर' या जातीस चॉकलेट रंगाची पाने आणि तांबडी फुले असतात. तर 'मॉस ॲगाटे' या जातीस किरमिजी रंगाची फुले आणि सुरकुत्या पडलेल्या हिरव्या रंगाची पाने असतात. तर 'पिंक ब्रोकेड' ही जात फार पसरणारी असून त्याच्या पानांच्या कडा गर्द गुलाबी असतात. तर पानांच्या मधील भाग चंदेरी-करड्या रंगाचा असतो.

फॅटशेडेरा लिझी

फॅटसिआ आणि हेडेरा या दोन जातींचा संकर होऊन ही जात तयार करण्यात आली आहे. हे झाड ऊंच असून त्यास एरंडाच्या पानासारखी ५ कोंब असलेली गर्द हिरव्या रंगाची पाने असतात. त्यास थंड, ओलसर हवामान आणि अर्धसूर्यप्रकाश मानवतो. यात निरनिराळ्या रंगाच्याही जाती आहेत. सौम्य हवामान असलेल्या भागात हे झाड चांगले वाढते. या झाडाची ऊंची एक मीटरपर्यंत वाढते. या झाडास मधून मधून द्रवरूप खत द्यावे.

फायकस - रबर प्लँट

हे झाड सर्वांच्या परिचयाचे आहे. वडाच्या कुळातील हे झाड असून मोठ्या चकचकीत व रंगीत पानापासून अगदी लहान पानांचे वेलीसारखे रांगणारे असे अनेक प्रकार त्यात आहेत. आपणाकडे हे झाड घरशोभेसाठी फार पूर्वीपासून वापरतात.

फायकस इलॅस्टिका डेकोरा झाडास इंडियन रबर प्लँट म्हणतात. त्याची पाने मोठी आकर्षक रंगाची असतात. हल्ली ही जात अधिक प्रमाणात लावतात. या जातीच्या झाडाला

प्रमाणात पाणी द्यावे. रबर प्लँटच्या झाडाला कमी जास्त ऊन मिळाले तर त्यांच्या पानांची वाढ चांगली होत नाही. हे झाड उन्हात ठेवल्यास त्याचे खोड झपाट्याने वाढते. तसेच ते निमुळते होऊन पाने लांब होतात. सावलीत त्याची जाडी वाढते व पाने आखूड होतात. रबर प्लँट सावलीतून हळूहळू उन्हात न्यावे. तसेच ते उन्हातून हळूहळू सावलीत आणावे. कारण ही क्रिया एकदम केल्यास वाईट परिणाम दिसतो. यात रंगीबेरंगी पानांची जात असून ती फार आकर्षक दिसते.

यातील फायकस लिराटा या जातीच्या झाडाची पाने फार मोठी आणि मजबूत असतात. त्यांचा आकार सारंगी सारखा असून ती चकचकीत हिरव्या रंगाची असतात. त्यांच्या शिरा स्पष्टपणे दिसणाऱ्या असतात.

या जातीतील लोंबकळणारे किंवा रांगणारा प्रकार म्हणजे फायकस प्युनीला आहे. ही जात भिंतीवर चढविण्यासाठी किंवा खाली सोडण्यासाठी चांगली आहे. याला हृदयाच्या आकाराची, लहान, हिरवीगार पाने फार असतात. उथळ लोंबकळणाऱ्या टोपल्यात ही जात चांगली दिसते. तसेच बाटलीत किंवा काचेच्या हंडीत वाढविण्यासाठीही या जातीची लहान झाडे उपयुक्त आहेत. या प्रकारातील झाडाचे देठ ६० सें.मी. पर्यंत वाढतात. यास थंड हवामान मानवते. तसेच भरपूर आर्द्रता हवी असते. यातील माती सतत ओलसर हवी. माती कोरडी झाल्यास पाने सुकतात. ती पुन्हा चांगली होत नाहीत. यात रंगीबेरंगी प्रकारचीही जात आहे.

या जातीतील झाडास पूर्ण सूर्यप्रकाश किंवा अर्धसूर्यप्रकाश मानवतो. त्यास ओलसर माती आणि आर्द्रता आवश्यक असते. परंतु अधिक पाणी आणि कुंडीत पाणी साठून राहणे मानवत नाही. द्रवरूप खताना ही झाडे चांगला प्रतिसाद देतात.त्यांची पाने वरचेवर पाण्याने धुवून काढावीत.

याची फायकस बेंजामिना ही एक आकर्षक जात आहे. या जातीची झाडे १.५ मीटर उंचीपर्यंत व १.२ मीटर घेरापर्यंत वाढतात. हे झुडुपवजा झाड आहे. त्याच्या फांद्या खाली वाकलेल्या असतात. याची पाने नाजूक, अणकुचीदार, लांब, अंडाकृती, चकाकणाऱ्या हिरव्या रंगाची असतात.

याशिवाय या झाडाच्या अनेक आकर्षक जाती आहेत. त्यापैकी 'रूब्रा' ही एक आहे. याची कोवळी पाने मरून तांबड्या रंगाची असतात. जून पाने लहान, अणकुचीदार, अंडाकृती आकाराची असतात त्याची मधील शिर तांबडी असते.

याशिवाय डेकोरा, डेकोरा रूब्रा किंवा ब्लॅक प्रिन्स, रोबस्टा, बेलजिका, इत्यादी अनेक चांगल्या जाती आहेत.

फिट्टोनिया-स्नेक प्लँट

याची पाने अंडाकृती पिवळ्या, हिरव्या रंगाची असतात. त्या पानावर सुंदर

किरमिजी रंगाच्या शिरांचे जाळे विणल्यासारखे असते. त्यामुळे ती पाने संगमरवरी दगडाप्रमाणे दिसतात. काही वेळा पिवळ्या फुलांचे दांडे फुटतात. लहान टेबलावर ठेवण्यासाठी ही झाडे उपयुक्त असतात. तसेच शोभेच्या पानांच्या झाडांच्या समुदयासमोर हे झाड ठेवल्यास अधिक शोभा येते. बाटलीतील किंवा काचेच्या हंडीतील बगीच्यात हे झाड उपयुक्त आहे.

या झाडाची ऊंची फक्त १५ सें. मी. असून त्याचा घेर ३० सें.मी. असतो. त्याच्या फांद्या ऊंच वाढू नयेत म्हणून त्या चुरगाळाव्यात. त्यामुळे झाड झुडुपासारखे वाढते. यास द्रवरूप खत थोडेसे द्यावे. या झाडास थोडीशी उष्ण हवा व सावली मानवते. झाडास आर्द्रता उपयुक्त असते.

या झाडाचीच एक दुसरी जात फि. अर्गीरोन्युरा ही आहे. ही बुटकी जात असून तिला गोलाकार हिरवी पाने असतात. त्यावर आकर्षक चंदेरी रंगाच्या रेषा असतात. त्या सापाच्या कातड्यासारख्या दिसतात. हे झाड सावलीत, उबदार व आर्द्रता असलेल्या हवेत चांगले वाढते. पावसाळ्यात त्याची फार चांगली वाढ होते. काचेच्या बाटलीत किंवा हंडीत बगीचा करण्यासाठी लोंबकळणाऱ्या टोपल्यातून खाली सोडण्यासाठी हे झाड फार उपयुक्त आहे.

ग्रेव्हिलिया रोबस्टा

या झाडास 'सिल्क ओक' असेही म्हणतात. हे झाडाप्रमाणे सदाबहार सुंदर झुडुप असते त्याला फर्नप्रमाणे विभाजीत पाने असून त्यांचा रंग चंदेरी असतो. त्यामुळेच त्याला सिल्क ओक म्हणतात. या झाडाची वाढ फार जलद होते. दोन-तीन वर्षांत त्याची उंची १.५ मीटर पर्यंत वाढते. मुख्य नवीन फूट काढून टाकल्यास झाड झुडुपासारखे वाढते.

या झाडास अर्धसावली किंवा चांगला सूर्यप्रकाश मानवतो. तसेच चांगला निचरा होणाऱ्या मातीत ते चांगले वाढते. ही माती नेहमी ओलसर ठेवावी. झाडाची फार वाढ झाल्यानंतर ते काढून त्याठिकाणी दुसरे झाड लावावे. द्रवरूप खत मधून मधून द्यावे. हिवाळ्यात कमी पाणी द्यावे.

गायनुरा औरंटियाका

या झाडाची पाने दातेरी असून ती जांभळ्या केसासारख्या सुंदर आवरणात झाकलेली असतात. ती ज्यावेळी पहिल्यांदा उघडतात त्या वेळी ती फार सुंदर दिसतात. सुरुवातीस त्यांचे दांडे सरळ असतात. परंतु त्यांची वाढ होईल त्यानुसार

ती आजूबाजूला वळतात. ही झाडे लोंबकळणाऱ्या टोपलीत ठेवली असता त्यांची खालील पाने पूर्णपणे सुंदर दिसतात. या झाडाचे रांगणारे देठ ५० ते १०० सें.मी लांबीपर्यंत वाढतात. या झाडास उबदार हवा व चांगला सूर्यप्रकाश मानवतो. महिन्यातून एकदा त्याला द्रवरुप खत द्यावे. याला नारिंगी रंगाची आणि न आवडणारा वास येणारी फुले येतात. ती फुलण्यापूर्वींच काढून टाकावीत. हिवाळ्यात कमी पाणी द्यावे.

'गायनुरा सरमेंटोसा' ही एक जात या झाडाची आहे. ते एक आकर्षक घरसजावटीचे झाड आहे. त्याची वाढ झपाट्याने होते. तसेच त्याच्या खोडावर व पानावर जांभळ्या रंगाची लव असते.

हेडेरा-आयव्ही.

या झाडाच्या जातीत हेडेरा हेलिक्स आणि हेडेरा कॅनारिएन्सिस हे दोन मुख्य प्रकार आहेत. या जातीच्या झाडांना आयव्हीज असे म्हणतात. कारण ही झाडे हिरव्या लतात मोडतात. त्यांची पाने कानाच्या पाळीसारखी असून त्यांचा रंग हिरवा असतो. त्यावर करड्या हिरव्या रंगाचे ठिपके असतात. ही झाडे वेलीप्रमाणे वाढतात. या दोन जातीत अनेक प्रकार आहेत.

आयव्हीजना थंड हवामान मानवते. म्हणूनच उंच प्रदेशात ही झाडे चांगली वाढतात. अर्थात पुणे बंगलोर यासारख्या भागात ही झाडे चांगली येतात. भिंतीवर, कमानीवर किंवा पडद्यावर चढविण्यासाठी ही झाडे फार चांगली आहेत.

या हिरव्यागार वेलींची उंची २ मीटर पर्यंत वाढते. तर पाने १२ सें.मी लांब आणि १५ सें.मी रूंद असतात.

ही झाडे चांगल्या सूर्यप्रकाशात वाढवावीत. तसेच त्याना बेताचेच पाणी द्यावे. विशेषतः हिवाळ्यात पाणी कमी द्यावे. द्रवरुप खत दिल्याने त्यांची वाढ चांगली होते. झाडाची पाने मधून मधून पाण्याने पुसावीत.

याची रोपे झाडाच्या छाट्यापासून करतात.

हेलक्झीन

या झाडास 'बेबीज टिअर्स' या नावाने ओळखले जाते. हे झाड रांगणारे असते. त्याला लहान, गोल आकाराची, गर्द हिरव्या रंगाची पाने असतात. त्यामुळे ती

शेवाळ्यासारखी दिसतात. लोंबकळणाऱ्या टोपलीत ठेवण्यासाठी ही झाडे अधिक उपयुक्त असतात. भांड्याचा सर्व पृष्ठभाग या झाडाने व्यापला जातो. हे फार आकर्षक झाड आहे. परंतु पाण्याचा निचरा न झाल्यास ते झाड जगू शकत नाही.

होया बेला

हे झाड पसरणारे आणि याचे देठ खाली वाकणारे असतात. त्याची पाने फिक्कट हिरवी आणि मांसल असतात. याला फुलेही लागतात. ती पांढऱ्या शुभ्र रंगांची, भरपूर सुवासाची असून ती आठ ते दहा संख्येने एकत्रित चांदण्यासारख्या आकारात असतात.

प्रत्येक फुलाचा मध्यभाग जांभळा असतो. उन्हाळ्यात याला फुले येतात. लोंबकळणाऱ्या टोपलीसाठी हे झाड फार चांगले आहे. कारण खाली लोंबकळणाऱ्या फुलाचे मध्यभाग खालूनच फार चांगले दिसतात.

या झाडास उष्ण व भरपूर सूर्यप्रकाश असणारे हवामान मानवते. सुमारे ३० सें.मी. उंचीपर्यंत हे झाड वाढते. त्यानंतर त्याच्या फांद्या खाली ४५ सें.मी. पर्यंत लोंबकळतात.

याच्यातील 'होया कार्नोसा' ही जात फार प्रसिद्ध आहे.

हायपोस्टेस

हे एक लहान परंतु फार आकर्षक झाड असून त्याची पाने फार वेगळ्या प्रकारची असतात. याची पाने ऑलीव्ह-ग्रीन ते डार्क ग्रीन रंगाची असतात. त्यावर फिक्कट गुलाबी रंगाचे ठिपके असल्याने पाने आकर्षक दिसतात. हे झाड वर्षभरच टिकते. त्यानंतर ते काढावे लागते. या झाडातील नवीन जाती फार लहान असतात. बरीच झाडे एकत्र लावल्यास ती फारच सुंदर व आकर्षक दिसतात. अशी एकत्र झाडे वेगवेगळ्या किंवा उथळ भांड्यात लावता येतात.

या झाडास उबदार परंतु अर्ध सूर्यप्रकाश मानवतो. या झाडाची उंची बरीच वाढते. परंतु ती वेडी-वाकडी वाढत असल्याने त्यांची वाढ ३० सें.मी पेक्षा अधिक होऊ देऊ नये. या झाडांना दोन आठवड्यातून एकदा द्रवरुप खते द्यावीत. पाने पाण्याने मधून मधून धुवावीत.

लिआ कॉकसिनिआ

घर सजावटीचे हे एक आकर्षक झाड आहे. याची पाने गर्द हिरवी, दातेरी, चकचकीत असतात. काहीवेळा या पानावर तांबड्या रंगाची छटा असते. याची पाने दोन

वेळा विभागली असल्याने हे झाड मोकळे वाटते.

या झाडास उबदार हवा व अर्धसूर्यप्रकाश मानवतो. जास्तीत जास्त १.५ मीटर उंचीपर्यंत हे झाड वाढते. तितकीच त्यांची रुंदी असते. या झाडास वरचेवर द्रवरुप खत द्यावे. तसेच हिवाळ्यात कमी पाणी द्यावे.

मनिहोत

या झाडाची मुळे जाड व मांसल असतात. या झाडांची उंची सुमारे १ मीटर असते. याची पाने विविधरंगी, फिक्कट पिवळी आणि हिरवी असतात.

चांगला निचरा होणारी आणि ओलसर जमीन या झाडास मानवते. सावलीतही हे झाड वाढते. परंतु पानाचे विविधरंग सूर्यप्रकाशात चांगले खुलतात. कुंडीत लावण्यासाठी आणि रंगीबेरंगी परिणाम घडविण्यासाठी हे झाड चांगले आहे.

या झाडाचा विश्रांतीकाळ मोठा असून हिवाळ्यात त्याची सर्व पाने झडतात. अर्थात ज्याठिकाणी फार कडक हिवाळा नसेल अशा ठिकाणी पाने गळत नाहीत.

मरांटा

या झाडास प्रार्थना करणारी झाडे (प्रेयर प्लँट) असेही म्हणतात. कारण याची दोन पाने रात्रीच्या वेळा एकमेकावर गुंडाळतात. आपण प्रार्थना करताना दोन हात एकमेकावर ठेवतो तसेच हे दिसते. याची पाने फार आकर्षक असतात. त्यामुळेच हे झाड घरसजावटीत फार लोकप्रिय आहे.

याची पाने अंडाकृती किंवा गोल आकाराची, फिक्कट हिरवी असून त्यांच्या शिरा रंगीत व थोड्या उंच असतात. पानावर गर्द काळ्या रंगापासून पांढऱ्या रंगाच्या अनेक छटा असतात. कोवळ्या पानावर या छटा जांभळ्या किंवा मरून-रेड असतात.

मरांटाचे चार प्रमुख गट आहेत. प्रत्येकाच्या पानावरील छटा वेगवेगळ्या पण आकर्षक असतात. या झाडांना सूर्यप्रकाश मानवत नाही. परंतु अधिक आर्द्रतेची आवश्यकता असते. हिवाळ्यात या झाडांना योग्य तापमान मिळणे जरूरीचे असते. या झाडांना सूर्यप्रकाशात ठेवल्यास पानांचा रंग फिक्कट होतो. म्हणून घरात या

झाडाच्या कुंड्या सूर्यप्रकाशापासून लांब ठेवाव्यात. पानावर पाण्याचा फवारा फवारल्याने दमटपणा वाढून झाडाची वाढ चांगली होते.

ही झाडे उंचीने कमी म्हणजे १५-३० सें.मी. वाढतात. त्यांचा घेर ४० सें.मी पर्यंत असतो. दर २ वर्षांनी झाडाच्या कुंड्या बदलाव्यात. दोन आठवड्यातून एकदा द्रवरुप खत घावे. झाडे मुळासह अलग करून त्यापासून रोपे तयार करतात.

मॉन्स्टेरा

हे एक सुंदर झाड आहे. ते उंच, सरळ किंवा वेलीसारखे असते. त्यास फार मोठी, रूंद, लांबट, हृदयाच्या आकाराची, काठाला तुटलेली पाने असतात. त्यांचा रंग मध्यम हिरवा आणि चकचकीत असतो. कोवळ्या पानाच्या मुख्य शिरेच्या एका बाजूला मोठ्या प्रमाणात भोके असतात. यातील 'व्हेरिगेटा' या जातीची पाने पांढरट पिवळसर रंगाची विविधरंगी असतात.

या झाडास अर्धसावलीची जरूरी असते. तसेच त्यास चांगला निचरा होणारी जमीन आणि भरपूर पाणी लागते. पावसाळ्यात या झाडास द्रवरुप खते दिल्याने त्याची वाढ चांगली होते. पानांचा चकचकीतपणा सुधारण्यासाठी त्यांना वरचेवर पाण्याने धुवावे. शेवाळ काठीवर चढविण्यासाठी हे एक आदर्श झाड आहे. हिरवी आणि पांढरी विविध रंगाची ही एक जात आहे.

कुंडीतील मातीस अधिक पाणी दिल्यास झाडाची पाने कडेने वाळण्याची शक्यता असते. उंच व आकाराने लहान खोड आल्यास, त्याची पाने लहान झाली की झाडाला प्रकाश कमी पडला असे समजावे. या झाडाची पाने पक्व झाली की त्यांना विशिष्ट आकाराची मोठी व गोल भोके पडतात. त्यामुळे पाने अधिक आकर्षक दिसतात. परंतु प्रकाशाची कमतरता पडल्यास पानावर अशी भोके दिसत नाहीत. तसेच झाडांना खत किंवा पाणी कमी पडले तरी पानावर अशी भोके पडत नाहीत. या झाडाची मुळे खोडाच्यावर येतात. त्यावर माती टाकावी किंवा ती मुळे मातीत खुपसावीत. त्यामुळे ती मातीतील अन्नद्रव्ये शोषण करतात आणि झाड चांगले वाढते.

हे झाड वाढवायला सोपे आहे. त्याची फार काळजी घ्यावी लागत नाही. मात्र या झाडांना प्रत्यक्ष सूर्यप्रकाश चालत नाही. म्हणून घरातल्या प्रकाशाच्या भागात ही कुंडी ठेवावी.

मोठ्या सभागृहात या झाडांच्या कुंड्या फार चांगल्या दिसतात. याची कुंडी दर

दोन वर्षांनी बदलावी. झाडाची उंची जास्त झाल्यास त्याचा शेंडा खुडून कुंडीत पुरावा. त्याला मुळ्या फुटून रोप मिळते.

पँडॅनस

या झाडाची पाने लांब, तलवारीच्या आकाराची असतात. ही पाने मध्यभागी गर्द हिरवी आणि कडांना पिवळसर रंगाची असतात. याच्या पानांच्या कडेने कातडी कापली जाऊ शकते इतकी ती टोकदार असतात.

या झाडास अर्ध सावली आणि आर्द्रता चांगली मानवते. याची मातीही सतत ओलसर असावी. या झाडाच्या अनेक जाती आहेत. हे झाड सुमारे ९० सें.मी. उंच आणि तितक्याच घेराचे वाढू शकते. या झाडास वरचेवर द्रवरुप खत घ्यावे.

पेपरोनिमया

या झाडाचे देठ व पाने मांसल असतात. या पानांचे आकर्षक रंग व आकार असतात. याच्या पानातून वर पांढरे किंवा हिरव्या रंगाचे वाकलेले किंवा सरळ फुलांचे देठ निघतात.

या झाडात अनेक जाती आहेत. याची पाने हृदयाच्या आकाराची, लहान असतात. निरनिराळ्या जातीनुसार यांच्या पानांचा विविध रंग असतो.

पेपरोनिया झाडास उबदार आणि ओलसर हवामान तसेच चांगला निचरा होणारी जमीन मानवते. याच्या वाढीसाठी सावली किंवा अर्धसावली योग्य असते. पावसाळ्यात द्रवरुप खत दिल्यास त्याची वाढ चांगली होते.

या झाडाची उंची व घेर १५ सें.मी पर्यंत असतो. याची लहान व कमी उंचीची झाडे बाटलीतील बागेसाठी वापरतात. या झाडांना अधिक पाणी दिल्यास त्यांची मुळे कुजण्याचा संभव असतो.

फिलॉडेन्ड्रान- बिपिन्नाटिफिडम

फिलॉडेन्ड्रान फार पूर्वीपासून घरातील शोभेचे झाड म्हणून वापरतात. यांना आर्द्रता जास्त लागत असली तरी त्यांना सूर्यप्रकाश सहन होत नाही. यात

प्रामुख्याने दोन प्रकार आढळतात. एका प्रकारात हे झाड वेलीसारखे वाढते. म्हणून घरात वाढविताना त्याला चांगला आधार द्यावा लागतो. दुसऱ्या प्रकारचे झाड आकाराने लहान असते. त्यांच्याकडे थोडे दुर्लक्ष झाले तरी ते जगते.

घरसजावटीच्या या झाडाच्या अनेक जाती आहेत. त्यापैकी फि.बिपिन्नाटिफिडियम ही सर्व ठिकाणी लावली जाणारी जात आहे. याची पाने मोठी, हृदयाच्या आकाराची, निळसर हिरव्या रंगाची चकचकीत आणि कडा मोठ्या प्रमाणात कातरलेली असतात. ती फर्न झाडासारखी असतात. याची पाने मधील खोडावरून निघतात. ती मजबूत बांध्याची असतात. फिलॉडेन्ड्रानच्या इतर काही जातीप्रमाणे ही जात वेलीप्रमाणे नसते. मोठ्या खोलीत हे झाड फार शोभा आणते.

या झाडाची उंची व घेर १.२ मीटरपर्यंत असतो.

या सर्वच प्रकारातील झाडांना सूर्यप्रकाश मानवत नाही. म्हणून कडक सूर्यप्रकाशापासून त्यांना लांब ठेवावे. पानावर मधून मधून पाण्याचा फवारा मारावा. यास अधिक पाणी मानवत नाही. अधिक पाणी दिल्यास झाडांना खोडकुजवा रोग होण्याची शक्यता असते. त्यामुळे पानांचा रंग फिका पडतो. अशावेळी खोडाचा रोगट भाग खुडून काढा. त्यामुळे चांगली वाढ होते. हिवाळ्यात थंडीमुळे याची पानगळ होते.

फिलॉडेन्ड्रान- बुरगुंडी

हे वेलीवजा झाड असते. याची पाने मोठी असतात. तसेच या पानांचे देठ लालभडक असून ते लांब व पानाच्या खालील बाजूस असतात. 'मॉस स्टीक'वर (शेवाळ लावलेली काठी) हे वेलीवजा झाड चढविल्यास त्याची वाढ फार चांगली होते. खोलीची शोभा वाढविणारे हे झाड आहे.

या झाडास उबदार हवामान व सावली मानवते. याची वाढ सावकाश होते. तरीही ते २ मीटर उंचीपर्यंत वाढू शकते. दोन आठवड्यानंतर यास द्रवरुप खत द्यावे.

फि. स्कॅन्डन्स

फिलॉडेन्ड्रानची ही जातही वेलीसारखीच वाढते. या झाडास टोकदार फिक्कट हिरव्या आकर्षक रंगाची मांसल पाने असतात. पाने जून होतील तशी ती गर्द हिरवी आणि चामड्यासारखी होतात. मॉस स्टीकवर हे वेलवजा झाड चढविल्यास फार झपाट्याने वाढते आणि मॉस स्टीक भरून टाकते.

हे झाड फार झपाट्याने वाढते. त्याची उंची सुमारे २ मीटर आणि घेर ५० सें.मी. पर्यंत जातो. वाढणारे शेंडे हाताने चिमटल्यास त्याची वाढ झुडुपासारखी होते. या झाडास चांगली आर्द्रता मिळावी यासाठी ओलसर वाळूत किंवा खडीत या झाडाची भांडी ठेवावीत.

पिलीया- ॲल्युमिनियम प्लॅंट

झुडुपाप्रमाणे कमी उंचीची किंवा लोंबकळणाऱ्या वेलीसारख्या बांध्याची पिलीयाची झाडे असतात. ही झाडे वाढविण्यास कमी त्रासाची असतात. या प्रकारातील पानावर पांढरे चांदीसारखे डाग असणारे ॲल्युमिनियम प्लॅंट वाढवायला अधिक सोपे असते.

या जातीची झाडे एक वर्षात ३० सें.मी पर्यंत वाढतात. याच्यापेक्षा ठेंगू जातही आहे. त्याची जास्तीत जास्त उंची १५ सें.मी असते. या झाडास उबदार हवा व प्रत्यक्ष सूर्यप्रकाश नको.

रात्री अधिक थंडी असते. म्हणून कुंडी खिडकीपासून आत आणून ठेवावी. तसेच झाड वाढायला लागले की शेंडा खुडावा. त्यामुळे झाडाला पसरट झुडुपासारखा आकार येतो.

झाडाला प्रखर सूर्यप्रकाश मानवत नसल्याने ते प्रखर सूर्यप्रकाशापासून लांब ठेवावे. वरचेवर पानावर पाण्याचा फवारा मारावा. अधिक पाणी देऊ नये. द्रवरूप खत द्यावे.

खोडाच्या मऊ कटिंगपासून या झाडाचे रोप तयार करता येते. या जातीत फार कमी उंचीची (१५ सें.मी) जातही आहे.

या प्रकारात 'आर्टिलरी प्लॅंट' म्हणून एक जात आहे. त्याचा बीजकोश एकदम फुटून त्यातून त्याचे बिजाणू एकदम बाहेर पडतात. म्हणून त्यास हे नाव आहे. ते कमी उंचीचे वेलीवजा झाड आहे. त्याच्या लहान पानांवर आकर्षक खुणा असतात.

बाटलीत किंवा काचहंडीत लावण्यासाठी हे चांगले झाड आहे. तसेच सावलीत व आर्द्रता असलेल्या परिस्थितीत उंच झाडांच्या समवेत लावण्यास हे झाड अधिक योग्य आहे. त्यास सावली किंवा अर्धसावली मानवते. तसेच त्यास भरपूर पाणी आवश्यक असते. कोरड्या हवामानात या झाडाची पाने गळतात. त्याची चांगली वाढ होण्यासाठी वरचेवर द्रवखते घ्यावीत.

पॉलीस्किअस

आकर्षक पाने असलेले हे एक झुडुप आहे. याची सर्वांच्या माहितीची जात म्हणजे बालफोरिआना ही आहे. यास तीन गोलाकार चामड्यासारखी पाने असतात. त्यातही 'ब्लॅकी', 'मार्जीनेटा' आणि 'पेन्नोकी' या जाती अधिक चांगल्या आहेत. ब्लॅकी जातीची पाने चकचकीत, अनेक लहान पानांचे एक पान झालेले आणि समोरासमोर असलेली असतात. ती कडेला दातेरी असतात. त्यांची लहान पाने काळ्पट-हिरवी असतात. 'मार्जीनिटा' जातीस ३ गोलाकार, दातेरी आणि कडेला पांढऱ्या रेषा असलेली पाने असतात. याच्या आणखी काही जाती आहेत.

ऱ्होईओ (बोट लिली)

या झाडास मांसल, आखूड दांडा असून त्यावर निरनिराळ्या ठिकाणाहून निघणारी मऊ, अरूंद, टोकदार, ऑलीव्ह किंवा क्रीम रंगाची पाने असतात. पानांच्या वरच्या बाजूस हिरवे आणि खालच्या बाजूस किरमिजी रंगाचे पट्टे असतात. पानांच्या टोकावर त्यास बोटीच्या आकाराची लहान फुले येतात. म्हणूनच याच्या दुसऱ्या जातीस 'बोट लिली' असे म्हणतात. या जातीची पाने वरील प्रमाणेच असतात.

या झाडास उबदार हवामान व साधारण सूर्यप्रकाश मानवतो.

या झाडाची उंची जास्तीत जास्त ३० सें.मी आणि घेर ४५ सें.मी असतो.

सेन्सेव्हेरिया

ज्याठिकाणी दुसरे कोणतेही झाड जगत नसेल त्याठिकाणी हे झाड लावावे असे म्हणतात. कारण हे झाड काटक व कणखर आहे. इंग्लंडमध्ये विनोदाने या झाडास 'सासूबाईची जीभ' असे म्हणतात. घरात लावण्यासाठी हे एक फार लोकप्रिय झाड आहे. हे सूर्यप्रकाशात किंवा सावलीत अशा दोन्ही ठिकाणी चांगले वाढते. त्याला कमी पाणी चालते.

परंतु बरेच दिवस अधिक पाणी दिल्यास ते मरते.

या झाडाची पाने एकत्रितपणे जमिनीच्या खाली असलेल्या खोडापासून फुटतात. ही पाने जाड, मांसल असतात. त्यांच्या कडा सोनेरी असतात तर मधील भाग गर्द हिरवा असतो. त्यांचा आकार तलवारीसारखा असतो. ही पाने ३ फूट उंचीपर्यंत वाढू शकतात.

या झाडाच्या आणखी काही जाती आहेत. एका जातीस स्नेक प्लँट (सापाचे झाड) म्हणतात. बर्डस नेस्ट सेन्सेव्हेरिया, गोल्डन बर्डस नेस्ट सेन्सेव्हेरिया या काही जाती आहेत. याशिवाय आणखी बऱ्याच जाती आहेत.

खोलीच्या अंधारी कोपऱ्यात आणि फार कमी पाण्यातही हे झाड वाढू शकते. कुंडीत एकाच ठिकाणी झाडाने गर्दी केल्यास त्याचे भाग करून दुसरीकडे लावता येतात. पानांच्या तुकड्यापासूनही यांची रोपे करता येतात. परंतु काही जातीत अशी रोपे मूळ झाडाप्रमाणे होत नाहीत. म्हणून या झाडाच्या कंदाचे भाग करून त्यापासून रोपे करणे योग्य असते. ज्या इतर झाडांना अधिक पाणी लागते त्यांच्याबरोबर हे झाड लावू नये. कारण त्यास अधिक पाणी झाल्यास त्याची मुळे कुजणे सुरू होते.

झाडे कुंडीत वाढताना त्यांची मुळे वर येतात किंवा कुंडीला तडे पडतात. त्यावेळी ही झाडे दुसऱ्या कुंडीत लावावीत.

मनी प्लँट

आपल्या घरातील 'मनी प्लँट' वाढले म्हणजे आपल्या घरात येणारे पैसेही वाढतात, अशी काहींची समजूत असल्याने घरात इतर कोणतेही झाड लावले नसले तरी मनी प्लँट अनेक घरात हमखास दिसते. हे झाड वाढल्यामुळे पैसे वाढतात की नाही हे माहित नाही. परंतु हे झाड लावलेल्या घराची शोभा मात्र निश्चित वाढते. हे एक लोकप्रिय झाड आहे.

वेलीप्रमाणे वाढणाऱ्या या झाडास लहान, हृदयाच्या आकाराची, फिक्कट हिरव्या रंगाची संगमरवरी किंवा पिवळी रंग छटा असलेली पाने

असतात. याचे खोड पातळ व मांसल असते. त्याला हवेतच मुळे फुटतात. या झाडाची 'मार्बल क्वीन' ही फार लोकप्रिय जात असून त्यास गर्द हिरव्या रंगाची पाने असतात. त्या पानावर संगमरवरी रंगाच्या किंवा पिवळ्या रंगाच्या छटा असतात.

शेवाळ लावलेल्या काठीवर लावण्यासाठी हे फार चांगले झाड आहे. तसेच

लोंबकळणाऱ्या टोपल्यातून किंवा भिंतीवरून खाली सोडण्यासाठीही चांगले आहे. खिडक्या किंवा दरवाजाला शोभा आणण्यासाठी त्यांचेवरही हे झाड चढविता येते. हे वेलवजा झाड दुसऱ्या झाडावर चढविल्यास त्याचे खोड जाड होते. त्याची पाने मान्स्टेराच्या झाडाप्रमाणे मोठी होतात. उबदार, भरपूर आर्द्रता असलेल्या हवामानात आणि अर्धसावलीत हे चांगले वाढते. या पानावरील रंग अधिक चांगले होण्यासाठी ते सूर्यप्रकाशात ठेवावे.

या झाडाची वाढ सावकाश असते. परंतु ते १.५ मीटर लांबीपर्यंत वाढू शकते. या झाडास मधून मधून द्रवरुप खत द्यावे. हिवाळ्यात कमी पाणी द्यावे.

सेलाजिनेला- क्लब मॉस

हे झाड फर्नसारखे दिसत असले तरी अधिक प्रमाणात शेवाळ्यासारखे वाढते. या झाडास आकर्षक, हिरवी पाने असतात. ती पाने फांद्याभोवती माशांच्या खवल्याप्रमाणे लागलेली असतात. या झाडाचे रांगणारे दांडे जमिनीवर पसरल्यास जमिनीवर घट्ट हिरवागार गालिचा तयार होतो. बाटलीत किंवा काचेच्या हंडीत लावण्यासाठी हे झाड योग्य आहे. कारण आर्द्रता या झाडाच्या वाढीस मानवते.

या झाडाचे रांगणारे दांडे १५ सें.मी पर्यंत वाढतात. निरनिराळ्या प्रकारच्या हवामानात हे झाड वाढत असले तरी उबदार, अप्रत्यक्ष सूर्यप्रकाश, भरपूर आर्द्रता आणि भरपूर पाणी मानवते. फार उष्ण व कोरडे हवामान त्यास मानवत नाही. लहान भांड्यात किंवा इतर झाडासोबत तबकात हे चांगले वाढते. माती भरलेल्या भांड्यात ठिकठिकाणी याची मुळे लावून झाड वाढविले जाते.

सिनेसिओ- केप आयव्ही

जांभळ्या देठावर याची पाने असतात. त्यांचा रंग हिरवा असतो. त्यावर फिक्कट क्रीम रंगाचे ठिपके असतात. काही झाडांच्या बाबतीत अधिक पाने क्रीम रंगाची असतात. हे झाड वेलीसारखे असल्याने ते बांबूवर किंवा तारेवर चढवावे अगर लोंबकळणाऱ्या टोपलीतून खाली सोडावे.

हे झाड सुमारे १ मीटर उंचीपर्यंत वाढते. वाढणारे शेंडे बोटाने कुस्करल्यास त्यांची वाढ झुडुपासारखी होते.

या झाडास उबदार हवामान, चांगला सूर्यप्रकाश, साधारण आर्द्रता आणि प्रमाणात पाणी लागते. फारशी काळजी न घेता हे झाड वाढते. चांगल्या वाढीसाठी त्यास द्रवरुप खत द्यावे.

सेट्क्रेसिआ

या झाडाचे खोड जाड, मांसल असून ते वेलीसारखे पसरते. त्याला लांब, अरूंद आणि साधारण पारदर्शक जांभळसर रंगाची पाने असतात. हे फार आकर्षक दिसते. याची दुसरी एक जात असून त्याची पाने क्रीम व हिरव्या रंगाची असतात.

अर्धसावलीत ते चांगले वाढते. थंड, आर्द्रता असलेल्या हवामानात आणि चांगला निचरा होणाऱ्या जमिनीत ते चांगले वाढते. त्यास चांगल्या प्रकाशात ठेवले नाही तर त्यांचा जांभळा रंग कमी होतो.

स्पॅथीफिलम

या झाडाच्या बऱ्याच जाती आहेत. याच्या वाल्लीसी जातीस 'पीस लिली' असे म्हणतात. त्याची पाने चकचकीत, गर्द हिरवी, लांब, अरूंद असतात. पानाच्या शिरा त्याच्या पृष्ठभागावर दिसतात. या पानांच्या मागील बाजूने पांढरी स्वच्छ, आकर्षक आकाराची, मोठ्या दांड्यावर फुले येतात.

या झाडास उबदार आणि आर्द्रता असलेले हवामान मानवते. अर्धसावलीत हे झाड चांगले वाढते. झाडास वर्षभर पाणी द्यावे. हिवाळ्यात कमी पाणी द्यावे.

या झाडाची उंची आणि घेर ९० सें.मी इतका असतो. पाणी भरलेल्या तबकात या झाडाची कुंडी ठेवावी. त्यामुळे झाडास अधिक आर्द्रता मिळेल. झाडास वरचेवर द्रवखत द्यावे.

सोलेइरोलिया- माईंड युवर बिझिनेस

फक्त ५ सें.मी उंचीचे, लहान परंतु आकर्षक, गर्द हिरव्या पानांचे हे झाड फार आकर्षक असते. ही पाने अगदी पातळ देठावर लागतात आणि भांड्यातील मोकळी जागा ताबडतोब भरून टाकतात. इतकी त्यांची वाढ झपाट्याने होते. भांड्यांची संपूर्ण वरील बाजू या झाडांच्या लहान लहान पानानी भरल्याने फार आकर्षक दिसतात. बाटलीत किंवा द्राचहंडीत ही लावू नयेत. कारण ते बाटलीतील किंवा काच हंडीतील सर्व

मोकळी जागा भरून टाकते.

या झाडास थंड हवा आणि सूर्यप्रकाश मानवतो. पानांची फार वाढ झाल्यास त्यांची छाटणी करून त्यांना योग्य आकार द्यावा. थोडेसे द्रवखत द्यावे. या झाडाच्या कुंडीतील माती नेहमी ओलसर ठेवावी. कारण ती सुकल्यास पाने पिवळी पडतात.

स्पॅरमॅनिआ आफ्रिकाना

या झाडास 'इनडोअर लाईम्स' असेही म्हणतात. या झाडास मोठी सफरचंदाच्या झाडासारखी हिरवी पाने असतात. या पानावर सुंदर, पांढरी केसाळ लव असते. थंड खोलीत ठेवलेल्या झाडास वर्षभर पांढऱ्या रंगाची लहान फुले गुच्छांनी येतात. कोणत्याही खोलीत हे झाड ठेवल्यास त्या खोलीची शोभा वाढते.

हे झाड १.५ मीटर उंचीपर्यंत वाढते. दोन वर्षात त्याचा घेर १ मीटर रूंद होतो. या झाडास थंड व चांगला सूर्यप्रकाश असलेले हवामान मानवते. यास कमी पाणी द्यावे. विशेषतः हिवाळ्यात पाणी कमी द्यावे. द्रवरूप खत दिल्याने झाडाची वाढ चांगली होते.

सिन्गोनिअम पोडोफिलम

हे वेलीसारखे वाढणारे झाड आहे. या झाडास खरबरीत, त्रिकोणी आकाराची आणि हिरवीगार पाने असतात. या झाडास हवेतही मुळ्या फुटतात. या झाडात प्रमुख दोन प्रकार आहेत. त्यात एकाला पांढऱ्या आणि दुसऱ्याला हिरव्या रंगाची पाने असतात. पोडोफिलम या जातीस हस्तीदंती रंगापासून पांढरट हिरव्या रंगाची पाने असतात. त्यांच्या कडा हिरव्या असतात. तर त्यापैकी 'बटरफ्लाय' जात सावकाश वाढते. ही जात आटोपशीर असून त्याची पाने फुलपाखराप्रमाणे चंदेरी-पांढरी असतात. तर 'एमराल्ड जेम' ही जात सावकाश वाढणारी वेलीसारखी असते. तिला बाणाच्या आकाराची, गर्द हिरव्या रंगाची पाने असतात. त्या पानावर पांढऱ्या रंगाचे, निरनिराळ्या आकाराचे ठिपके असतात.

या झाडाचे वैशिष्ट्य म्हणजे झाडाचे वय वाढते त्यानुसार त्यांच्या पानांचा आकार बदलतो. शेवाळ लावलेल्या काठीवर चढविण्यास हे झाड फार चांगले आहे. तसेच लोंबकळणाऱ्या टोपलीतून हे झाड खाली सोडता येते.

उष्ण हवामान आणि परावर्तीत सूर्यप्रकाश या झाडास मानवतो. त्यास बेताचे पाणी लागते.

या झाडाचे खोड २ मीटरपर्यंत उंच वाढते. मधून मधून झाडाला द्रवरुप खत द्यावे.

ट्रेडेस्कॅन्शिया

घरशोभेचे हे एक सुंदर झाड आहे. हे झाड वेलीप्रमाणे वाढणारे आहे. त्याची पाने लहान, चकाकणारी हिरवी असतात. यात अनेक जाती आहेत. याची अल्बीफ्लोरा ही जात झेब्रीना पेन्दुला जातीप्रमाणे असते. चंदेरी आणि हिरवे पट्टे असलेली पाने पारदर्शक असतात. झुडुपासारखी वाढण्यासाठी वेलीचा शेंडा वरचेवर खुडावा. याच्या पुरपुरिया जातीची पाने गर्द जांभळी आणि लहान असतात. त्यास उन्हाळ्यात गुलाबी रंगाची फुले येतात. तर रेजिबी या जातीची पाने लांब, नाजूक, चंदेरी हिरव्या रंगाची असतात. पानाच्या मधील शीर गर्द हिरवी असते. तर तिचा खालील भाग जांभळा असतो.

हे झाड फार झपाट्याने वाढते. त्याचे खोड ३० सें.मी वाढते.

साधारण उष्ण आणि चांगला सूर्यप्रकाश झाडास मानवतो. वाळलेली किंवा फिक्कट रंग झालेली पाने काढून टाकावीत.

लोंबकळणाऱ्या टोपल्यातून, तबकातून, द्रोणातून खाली सोडण्यासाठी हे झाड चांगले आहे. तसेच काचेची बाटली किंवा काचेच्या हंडीतही हे झाड चांगले येते. टेबलावर ठेवण्यासही हे चांगले झाड आहे.

टोलमिआ (पिकबॅक प्लँट)

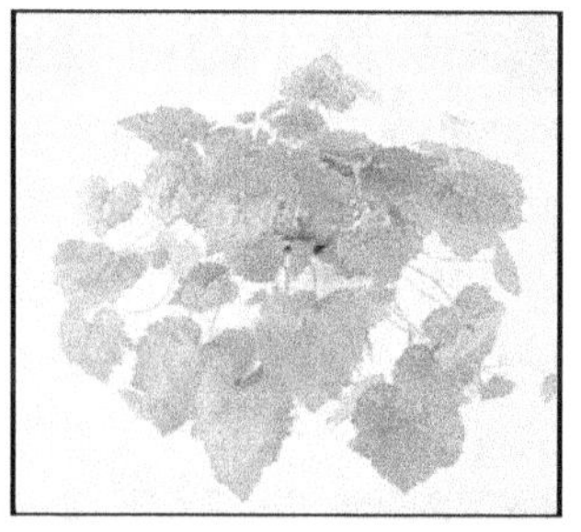

या झाडास 'मदर ऑफ थाऊझंडस्' (हजारोंची आई) असे म्हणतात. कारण या झाडाच्या जून झालेल्या पानांच्या वरील पृष्ठभागावरून लहान लहान रोपटी येतात. त्यामुळे पानांचे लांब देठ खाली वाकतात आणि ते लोंबकळल्यासारखे दिसतात. नवीन आलेली हिरवी पाने आणि पानांचे कोवळे देठ यावर मऊ लव असते. लोंबकळणाऱ्या टोपलीत ही झाडे फार आकर्षक दिसतात. कोणत्याही थंड ठिकाणी हे झाड चांगले वाढते.

थंड हवा व अप्रत्यक्ष सूर्यप्रकाश झाडास मानवतो. ही झाडे फार झपाट्याने वाढतात आणि त्यांची उंची ३० सें.मी पर्यंत वाढते. झाडाचा घेर तितकाच असतो. हिवाळ्यात या झाडास कमी पाणी द्यावे.

युक्का एलेफंटीपस (स्टीक युक्का)

हे झाड फार आकर्षक आहे. यापैकी बरीच खोडाच्या लांब तुकड्यापासून तयार करतात. त्यासाठी खोडाचा लांब तुकडा उभा भांड्यात लावतात. त्याला मुळे आणि पाने फुटतात. याची पाने लांब व अरूंद असतात. उभ्या खोडाच्या कोणत्याही ठिकाणापासून ही पाने एकत्रितपणे समुहात फुटतात. या झाडाचा आकार शोभून दिसतो आणि ते एकटेच ठेवावे.

या झाडास उबदार हवामान व चांगला प्रकाश मानवतो. या झाडाची उंची २ मीटर आणि घेर १५ सें.मी वाढतो.

या झाडास हिवाळ्यात कमी पाणी द्यावे.

झेब्रीना पेंडुला

घरशोभेचे हे एक फार आकर्षक झाड आहे. त्याच्या पानांचा रंगही फार आकर्षक असतो. हे वेलीप्रमाणे वाढणारे, पसरणारे झाड आहे. याची पाने जोडीने व अंडाकृती असतात. त्यांची लांबी २ ते ५ सें.मी असते. पानाचा वरील भाग चमकणाऱ्या चंदेरी-करड्या-हिरव्या रंगाचा असतो. तर पानांचा खालील भाग गर्द जांभळा असतो. त्यास जांभळ्या रंगाची लहान आकाराची गुच्छाने फुले येतात.

या झाडाच्या बऱ्याच जाती आहेत. 'क्वाड्रीकलर' जातीवर चंदेरी, गुलाबी, क्रीम, गर्द हिरव्या, लाल किंवा गुलाबी रंगाचे अनियमित आकाराचे पट्टे असतात. याच्या 'पुरपुरी' जातीची मध्यम आकाराची गर्द काळी जांभळी किंवा गुलाबी रंगाची पाने असतात. हे झाड 'ट्रॅडेस्कॅन्शिया' या झाडासारखे असते. म्हणून त्याची जपणूक त्या झाडाप्रमाणे करावी.

उबदार हवामान आणि चांगला सूर्यप्रकाश या झाडास मानवतो. या वेलीवजा झाडाच्या देठांची लांबी ४० सें.मी आणि घेर ३० सें.मी असतो. वेलींचे वाढणारे टोक चिमटावे म्हणजे त्याची वाढ झुडूपासारखी होते. मधून मधून द्रवरुप खत द्यावे.

फिक्कट रंगाची पाने असलेले देठ आढळल्यास ते काढून टाकावेत.

१९ फुलणारी झाडे

आपल्या घरात प्रत्येक खोली वेगळी असते. त्यातील सामान विविध प्रकारचे असते. अशा खोलीची सजावट करण्यासाठी आपण निरनिराळ्या वस्तू वापरतो. सुंदर, आकर्षक पानांची झाडे ठेवून घरशोभा कशी वाढवायची ही आपण पाहिले. परंतु सर्वच झाडांची फक्त पानेच चांगली असतात असे नाही, तर अनेक झाडांची छान छान फुले पाहून आपण हरखून जातो. अशी फुलणारी झाडे आपण आपल्या घरात लावू शकू काय? तसे झाले तर किती छान दिसेल, असा विचार काहींच्या मनात येईल. परंतु अशी घरशोभेची फुलणारी झाडे कोणती? त्याचीच माहिती आता आपणास घ्यायची आहे.

फुले येणारी झाडे घरात ठेवल्यास घरसजावटीला वेगळा जिवंतपणा येतो. अशी फुलणारी झाडे त्यांना येणाऱ्या सुंदर फुलासाठी जोपासली जातात. अशा झाडात विविध रंगांच्या, विविध आकारांच्या फुलांचा समावेश होतो. निरनिराळ्या ऋतूत वेगवेगळी झाडे फुलतात. म्हणून आपणास केव्हा फुले हवी आहेत त्यानुसार झाडांची निवड करावी. काही फुलांना सुगंध असतो. त्यावेळी घरशोभा अधिकच वाढते. ते सुगंधित होते.

घरशोभेच्या सर्व झाडांना वर्षभर फुले नसतात. म्हणून ज्यावेळी त्यांना फुले नसतात, त्या वेळी ती फार आकर्षक दिसत नाहीत. परंतु ते आपण सहन केले पाहिजे. अर्थात फुले येणाऱ्या काही झाडांची पानेही आकर्षक असतात. फुले येणाऱ्या झाडांना फक्त शोभिवंत पानांच्या झाडापेक्षा अधिक प्रकाशाची जरूरी असते. म्हणून ही फुलणारी झाडे ठेवण्यासाठी प्रकाश येणाऱ्या जागेची सोय हवी. अशी सोय आपल्याकडे आहे किंवा नाही याचा विचार करूनच घरसजावटीसाठी फुलणाऱ्या झाडांचा विचार करावा.

आपण ज्या खोलीत हे फुलणारे झाड ठेवणार आहोत, त्या खोलीतील पडदे, भिंतीचा रंग इत्यादी रंगीत वस्तूंचा रंग आणि झाडांवरील फुलांचा रंग याची रंगसंगती जमल्यास खोली अधिक आकर्षक दिसते. म्हणून फुलझाडांची निवड

करताना या गोष्टींकडेही लक्ष द्यावे.

वर सांगितल्याप्रमाणे काही झाडांना फक्त काही ठराविक वेळेलाच फुले येतात. तर काही झाडे कमी जास्त प्रमाणात वर्षभर फुलतात. म्हणून आपणास आपल्या झाडाला केव्हा फुले यावीत असे वाटते, त्यानुसार झाडांची निवड करावी. वाढदिवस, शुभप्रसंग, लग्नकार्य अशा आनंदाच्या वेळी ही झाडे फुलावीत आणि आनंदात भर पडावी असे वाटत असेल तर त्यावेळी फुलणारी झाडे निवडावीत. अर्थात वर्षभर फुलणारे झाड निवडल्यास हा प्रश्न निर्माण होत नाही. परंतु त्याला मर्यादा असतात. वर्षभर फुलणारी काही झाडे उदा. बेगोनिया, कॉलमनिया, युफोरबिया, इंपेशन्स, ख्रिसेंथियम इत्यादी आहेत.

ॲकॅलिफा

या झाडाच्या पानांचा रंग वेगळा म्हणजे तांब्याचा रंग असतो. त्यामुळे ते आकर्षक दिसते. कुंडीत हे झाड झुडुपासारखे वाढते. त्यातील एका जातीला फुले येतात. ही फुले लाल गोंड्यासारखी असतात. हे झाड फार जोमदारपणे वाढते. त्याची वाढ प्रमाणात व्हावी यासाठी त्यांचे शेंडे खुडून वाढ आटोक्यात ठेवावी.

या झाडाला चांगल्या सूर्यप्रकाशाची आणि आर्द्रतेची आवश्यकता असते. म्हणून कुंडी चांगला प्रकाश येणाऱ्या जागी घरात ठेवावी. प्रकाश कमी पडल्यास पानांचा रंग फिक्कट होतो. तसेच त्यावरील आकर्षक पट्टे नाहीसे होतात. घरातील तापमान ६५ ते ७५° फॅरनहीट असल्यास हे झाड चांगले वाढते. या झाडास आर्द्रतेची आवश्यकता असते. त्यासाठी कुंडीच्या बुडाशी पसरट भांड्यात खडे ठेवून त्यात पाणी घालावे. त्यामुळे झाडास चांगली आर्द्रता मिळते.

ॲकॅलिफाच्या प्रामुख्याने १) अ. हिस्पिडा व २) अ. विल्कोसिना या जाती आहेत.

या झाडाचे रोप त्याच्या कटिंगपासून तयार करतात. एक दोन वर्षांनंतर जुने झाड काढून टाकावे.

ॲकॅलिफाची कुंडी कोपऱ्यात एकट्याने किंवा गटाने मांडून ठेवल्यास फार शोभा येते.

ॲन्थुरियम

या झाडाची फुले फार आकर्षक असतात. त्याला 'फ्लेमिंगो फ्लॉवर' असे म्हणतात. याची पाने गर्द हिरव्या रंगाची, भाल्याच्या किंवा हृदयाच्या आकाराची असतात. त्यांच्या मध्यभागी तांबड्या रंगाची सुंदर वेगळ्या प्रकारची फुले येतात. या फुलातून शेपटीसारखा भाग बाहेर येतो. ही

फुले कित्येक आठवडे चांगली राहतात. अशी सुंदर फुले आलेली झाडे एकत्र ठेवल्यास त्यांची शोभा वेगळीच असते. ज्यावेळी त्यांना फुले नसतात त्यावेळी त्यांची पानेही चांगली आकर्षक वाटतात.

साधारण उबदार हवामान, भरपूर आर्द्रता आणि सावली या झाडास मानवते. या झाडास वरचेवर पाणी द्यावे. या झाडाची चांगली वाढ होण्यासाठी त्याची चांगली काळजी घ्यावी. भरपूर आर्द्रता मिळण्यासाठी उथळ भांड्यात बारीक दगड ठेवून त्यात पाणी घालावे. मग त्यात कुंडी ठेवावी.

या झाडाची उंची ६० सें. मी. पर्यंत वाढू शकते.

अफेलाँड्रा

या झाडास झेब्रा प्लँट असेही म्हणतात. कारण त्याच्या पानावर झेब्राच्या अंगावरील पट्ट्याप्रमाणे पट्टे असतात. सुंदर पाने व छान फुले असल्यामुळे हे झाड पानासाठी व फुलासाठी वाढविता येते. टोकाला पिवळ्या धमक फुलांचा दांडा व पांढऱ्या शिरा असलेल्या आकर्षक ठळक पानांचे हे झाड फार चांगले दिसते. याची फुले सुमारे सहा आठवडे टिकतात.

याची पाने मोठी, भाल्याच्या आकाराची, समोरा-समोर येणारी असतात. ती गर्द हिरव्या रंगाची, चकचकीत व त्यावर झेब्रा पट्टा असणारी असतात. पानांच्यावर टोकाला दांड्यावर येणारी फुले, पिवळी, नारिंगी किंवा तांबड्या रंगाची असतात. भारतात प्रामुख्याने तांबड्या रंगाची फुले येणारे झाड सगळीकडे दिसते. या झाडाची उंची ३० सें. मी. इतकी वाढते. आणि तितकाच त्याचा घेर असतो.

या झाडाला भरपूर सूर्यप्रकाशाची आवश्यकता असते. पानावर अधून मधून पाण्याचा फवारा मारावा. या झाडाचे रोप खोडाच्या कटिंगपासून तयार करतात.

याची सर्व पाने गळून जातात. त्यामुळे झाडाची शोभा कमी होते. यासाठी झाडाला नियमित पाणी पुरवठा करणे आवश्यक असते. तसेच झाड प्रत्यक्ष सूर्याच्या उन्हात ठेवू नये.

फुलांचा बहार संपल्यानंतर त्यांचे दांडे काढून टाकावेत आणि पानासाठी झाड वापरावे. मधूनमधून द्रवरूप खत द्यावे. तसेच शेणखत किंवा पानांच्या खतासारखे सेंद्रिय खत द्यावे.

अझेलिआ

ही झाडे ऱ्होडेडेंड्रान समूहात येतात. हे झाड झुडुपासारखे असते. टेकड्यांच्या प्रदेशात ते अधिक चांगले वाढते. सपाट भागातही हे झाड काही प्रमाणात वाढते.

परंतु त्यासाठी डोंगराळ भागातून सप्टेंबर-आक्टोबर मध्ये ही झाडे सपाट भागात आणावीत. ती अर्धसावलीत ठेवून त्यांची फार काळजी घ्यावी.

या झाडाची फुले मोठी, सिंगल किंवा डबल असतात. त्यांचा रंग पांढरा, गुलाबी, तांबडा आणि किरमिजी असतो. या झाडाची उंची ३० सें. मी. पेक्षा अधिक वाढत नाही. त्याचा घेर तेवढाच असतो. थंड हवामान, चांगला सूर्यप्रकाश आणि ॲसेडीक माती या झाडाला मानवते. नियमित पाणी आणि द्रवरूप खते दिल्याने झाडाची वाढ चांगली होऊन फुलेही चांगली येतात. फुले येऊन गेल्यानंतर झाडास कमी पाणी द्यावे. त्यानंतर झाडाची थोडीशी छाटणी करावी. त्यावेळी माती व पीट शेवाळ सारख्या प्रमाणात घेऊन ते झाडास घालावे. हे झाड उन्हात वाढवावे आणि त्याला फुले लागण्यास सुरुवात झाल्यानंतर ते घरात आणून ठेवावे.

बिगोनिया

सुंदर पानासाठी लावायच्या रेक्स बिगोनियाची माहिती यापूर्वीच दिली आहे. बिगोनियाच्या काही जाती आकर्षक पानासाठी लावतात. त्याचप्रमाणे त्यांच्या सुंदर फुलासाठीही काही जातींची निवड करतात. सुंदर व आकर्षक फुले देणाऱ्या अनेक जाती बिगोनियात आहेत. त्यापैकी मुख्य तीन प्रकार म्हणजे कंदासारखी मुळे असलेले, तंतुमय मुळे असलेले आणि व्हीझोमेटस मुळे असलेले असे आहेत.

कंदासारखी मुळे असलेल्या प्रकारात सुंदर मोठ्या फुलांचे, सिंगल किंवा डबल फुले विविध रंगात येणाऱ्या (गुलाबी, तांबडा, पांढरा, नारिंगी, क्रीम इ. रंगाची) फुलांच्या जातींचा समावेश होतो. बिगोनियाच्या फुलांचे आकारही वेगवेगळे असतात. त्यात कॅमोलया, कार्नेशन आणि डॅफोडिल या फुलांच्या आकाराची फुले येणारे प्रकार आहेत.

या तीन जातीशिवाय 'पिकोटी डबल' ही जोत असून यांच्या फुलाच्या कडा फुलाच्या रंगापेक्षा वेगळ्या रंगाच्या असतात. 'रोझ बड' या जातीच्या फूल, कळ्या गुलाबाच्या फुलाप्रमाणे निरनिराळ्या रंगाच्या असतात. 'पेंडुला' ही एक वेलीसारखी

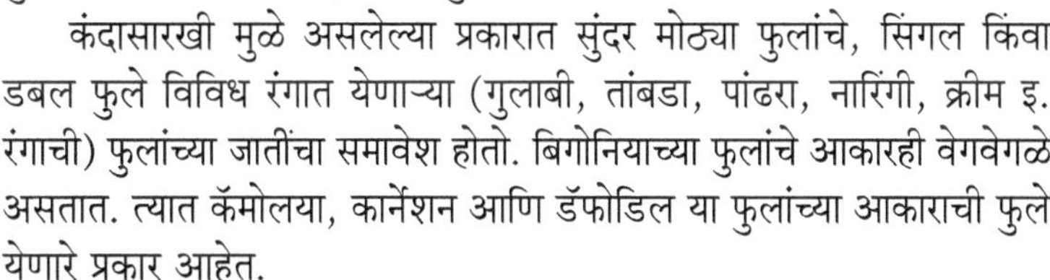

वाढणारी जात आहे. तिला 'लोंबकणारी बिगोनिया' असेही म्हणतात. या जातीस सिंगल किंवा डबल, लहान लहान फुले येतात. ही जात लोंबकळणाऱ्या टोपलीत लावण्यासाठी अधिक चांगली आहे. 'डवार्क मल्टिफोरिया' ही जात झुडुपासारखी असून तिला फार फुले लागतात.

मोठी फुले येणाऱ्या बिगोनियाची रोपे बी, कंद किंवा कंदाच्या भागापासून तयार करतात. इतर काही जातींची रोपेही कटिंग आणि कंद यापासून करतात.

बिगोनियाची रोपे थंड, अर्ध सावलीत, भरपूर आर्द्रता असलेल्या हवामानात लावून त्याना भरपूर पाणी द्यावे.

बुटक्या बिगोनियामध्ये पुढील जाती येतात.

१) बिगोनिया सेंपर फ्लारेन्स (वॅक्स बिगोनिया)

२) बिगोनिया फुमारी ओडस– फुस्चीया बिगोनिया

३) बिगोनिया मेटालिफा– मेटललीफ बिगोनिया

४) बिगोनिया हॅंगेना– एलेफंट इअर बिगोनिया

५) बिगोनिया सेराटिपेराला– पिंकस्पॉट बिगोनिया.

भरपूर शोभा आणणारी पाने, आकर्षक रंग आणि विपुल फुले यामुळे बिगोनियाचे महत्त्व घरसजावटीत फार आहे. डोंगराळ भागात त्यांची वाढ चांगली होते. तथापि सपाट भागात काही ठराविक जाती चांगल्या येतात.

त्या पुढीलप्रमाणे– बिगोनिया सेंपरफ्लोरेन्स, बिगोनिया रेक्स, बिगोनिया हॅंगेना, बि. कोरालिना, आणि बि. प्रेसिडेंट कार्नाट.

आपल्या घरसजावटीत असे हे सुंदर झाड अवश्य लावावे आणि घरशोभा वाढवावी.

बेलापेरॉन

या झाडाला कोंबड्याच्या तुऱ्यासारखी फुले येतात. म्हणून त्यास 'कोंबडा' असेही म्हणतात. हे झाड वाढवायला आणि जोपासायला सोपे असते. या झाडास लोंबत्या तुऱ्याची फुले जवळ जवळ वर्षभर येतात.

या झाडाला चांगली सुपीक माती लागते. त्यात भरपूर सेंद्रिय पदार्थ असावेत. तसेच उष्ण हवामान व आर्द्रता या झाडाला मानवते. पाण्याचा चांगला निचरा होणारी माती या झाडास हवी असते. सूर्यप्रकाशात हे झाड चांगले वाढते. मधून मधून त्यास द्रवखतही द्यावे.

सुरुवातीला या झाडाच्या शेंड्याला येणारे तुरे खुडून टाकल्यास झाड चांगले पसरते. खोडाचा वरचा अर्धा भाग दरवर्षी खुडावा म्हणजे झाड चांगले झुडुपासारखे पसरते.

इफोर्बिया

मांसल वनस्पतीमधील हे एक सुंदर झाड आहे. याची वाढ काहींशी आडवी फांद्याने होते. याच्या प्रत्येक फांद्यावर बरेच अणकुचीदार काटे असतात. त्यामानाने पाने कमी असतात. त्यांचे खोड करड्या रंगाचे असते. प्रत्येक काटेरी फांद्यांच्या टोकाला लहान लालभडक फुले लागतात. ही फुले अनेक महिने चांगली राहतात. वसंत ऋतुत झाडावर फुले भरपूर असतात. आपल्या घरातील सौंदर्यात भर टाकणारे हे एक चांगले झाड आहे.

९० सें. मी. उंचीपर्यंत हे झाड वाढते. या झाडाची फारशी काळजी घ्यावी लागत नाही. त्यास हलकी, वालुकामय माती चांगली मानवते. भरपूर सूर्यप्रकाश, साधारण उष्ण हवा आणि थोडेसे पाणी लागते. डिश गार्डन, ट्रोणात लावण्यासाठी आणि खिडकीत ठेवण्यासाठी हे झाड चांगले आहे. कुंडीतील झाडास अधिक फुले येतात.

फुस्चीया

या झाडाच्या २००० पेक्षा अधिक जाती आहेत. दोन जातींचा संकर करून त्यापासून बागेत लावण्यासाठी अनेक संकरित जाती निर्माण केल्या आहेत. त्यापैकी काही जाती वेलीसारख्या वाढणाऱ्या असतात. त्या लोंबकळणाऱ्या टोपलीत लावण्यासाठी चांगल्या असतात.

या झाडाच्या काही जाती झुडुपासारख्या वाढतात. त्याना खाली लोंबणारी फुले असतात. ती स्त्रियांच्या कानातील इअरिंग सारखी दिसतात.

याच्या फुलांचा व फुलाबाहेरील पानांचा रंग वेगवेगळा असतो. त्यात प्रामुख्याने पांढरा व तांबडा, तांबडा व जांभळा, फिक्कट गुलाबी व तांबडा, पांढरा आणि गुलाबी असे अनेक रंग असतात. फुले सिंगल किंवा डबल असतात. कुंडीत, लोंबकळणाऱ्या टोपल्यात (वेलीसारख्या जाती), खिडकीतील बॉक्समध्ये लावण्यास ही जात चांगली आहे.

झाडाची चांगली वाढ होण्यासाठी थंड आणि चांगली आर्द्रता असलेले हवामान लागते.

इंपेशन्स

नेहमीच्या बाल्सम झाडाशी संबंधित इंपेशन्स झाड आहे. घरात प्रामुख्याने 'आय. सुलतानी' किंवा 'सुलताना बाल्सम' आणि आय. होलस्टी या जाती लावतात. या

झाडाची उंची ३१ सें. मी. पर्यंत असते. आय. सुलतानी आणि होलस्टी या जातींचा देठ किंवा खोड मांसल असते. याची पाने लहान, अंडाकृती, फिक्कट हिरव्या रंगाची, दातेरी असतात. तर फुले लहान, गोल व गुलाबी रंगाची असतात. आय. होलस्टी जातीचा देठ तांबडा असतो. तर आय. सुलतानीचा देठ हिरवा असतो. दोन जातींचा संकर करून या झाडाच्या अनेक जाती तयार केल्या आहेत. या संकरीत जातींची फुले गर्द नारिंगी, पर्ल रोज, गर्द गुलाबी, तांबडा, पांढरा इत्यादी आकर्षक रंगाची असतात. या संकरीत जाती जवळजवळ वर्षभर फुलतात.

झाडाची वाढ झुडुपासारखी होण्यासाठी झाडाचे शेंडे वरचेवर चुरगळले पाहिजेत. या झाडास भारी जमीन, भरपूर पाणी आणि अर्धसावली हवी असते.

बिया किंवा देठ यांच्या कटिंगपासून याची रोपे करतात.

लँटाना

लँटानास मराठीत घाणेरी म्हणतात. व्हर्बिना झाडाप्रमाणे हे एक लहान वेलीवजा झुडूप असते. याची फुले फिक्कट जांभळ्या रंगाची असतात. वसंत ऋतूत ती झाडावर मोठ्या प्रमाणात फुलतात.

या झाडास भरपूर सूर्यप्रकाश आणि भरपूर पाणी लागते. म्हणून ते खिडकीतील बॉक्समध्ये लावणे योग्य असते. तसेच उथळ तबक, थाळी इत्यादीत चांगले वाढते.

जिरेनियम

जिरेनियमच्या प्रमुख चार जाती आहेत. त्यात पी. झोनल, पी. पेस्टॅटम, पी. डोमेस्टीकम आणि वासाच्या पानांची. यापैकी पहिला प्रकार अधिक लोकप्रिय आहे. या जातीच्या पानावर घोड्याच्या नालाच्या आकाराचा काळ्या रंगाचा पट्टा असतो. याची पाने गोलाकार आकाराची व पानांच्या कडा वाकड्या तिकड्या असतात. पानावर बरीच लव

असते. काही जातींची पाने रंगीबेरंगीही असतात. त्यांची फुले गोल असतात. ती सिंगल किंवा डबल असतात. लाल, गुलाबी, पांढरा, जांभळा इत्यादी रंगाची त्याची फुले असतात.

वासाच्या पानांच्या जातींचा वास लिंबू किंवा पेपरमिंटचा असतो. पी. ग्रॅव्होलेन्सच्या पानाना गुलाबासारखा सुवास येतो. तर पी. क्रिसपम जातीच्या पानाना लिंबासारखा वास असतो. इतरही काही जातीना जायफळ, पेपरमिंटचा वास येतो. वासाची पाने असलेल्या या जातीना आकर्षक फुलेही येतात. जिरेनियमच्या जातीत संकर करून

काही चांगल्या जाती तयार केल्या आहेत.

डोंगराळ भागात किंवा ज्या भागातील हवामान थोडे थंड आहे अशा पुणे, बंगलोर, म्हैसूर, त्रिवेंद्रम याठिकाणी जिरेनियमची वाढ फार चांगली होते.

ही झाडे ६० सें. मी. उंचीपर्यंत वाढतात. घरात लावण्यासाठी ही झाडे फार चांगली आहेत. या झाडाना चांगला सूर्यप्रकाश, भरपूर पाणी, थंड हवामान आणि चांगला निचरा होणारी जमीन मानवते.

यूफोर्बिया (पॉइनसेटिया) (रक्तपर्णी)

या झाडाला येणाऱ्या लालभडक, पानासारख्या फुलामुळे त्यास मराठीत 'रक्तपर्णी' असे म्हणतात. झाडाच्या शेंड्यावर पानांच्या शेजारी लांब दांड्यावर हे आकर्षक रंगाचे फुलासारखे पान असते त्याला इंग्रजीत 'ब्रॅक्ट' म्हणतात. या झाडाचे तेच मुख्य आकर्षण आहे. त्याची खरी फुले फार लहान आणि 'ब्रॅक्ट' च्या मध्ये असतात. त्याच्याकडे फारसे कोणाचे लक्ष जात नाही. ब्रॅक्टचा हा रंग दोन महिने राहतो. त्यानंतर ते कापून पानासाठी झाड घरात ठेवावे. कारण दुसऱ्यावर्षी अशी आकर्षक ब्रॅक्टस या झाडाला येतील याची खात्री नसते.

ही झाडे ३० ते ३५ सें. मी. ऊंच असतात. याच्या काही जातीना हिरवट पांढरे किंवा क्रीम रंगाचे ब्रॅक्ट असतात. (अल्बा जात). तर प्लेनिसिमा जातीस डबल ब्रॅक्ट असतात. इतर दोन जातीना गुलाबी ब्रॅक्ट असतात.

या झाडास थंड आणि ओलसर हवामान मानवते. तसेच रंग चांगले होण्यासाठी चांगला सूर्यप्रकाश आवश्यक असतो. यास वरचेवर द्रवखत घ्यावे.

प्रिम्युला

फार आकर्षक व मोहक फुले येणारे हे झाड आहे. या झाडाच्या ४ प्रमुख जाती आहेत. त्या म्हणजे पी. सिनसि, पी. ऑबकोनिका, पी. मॅलाकॉईडस, आणि पी. केवेन्सिस, पी. सिनेनसिसची फुले मोठी असून गुलाबी, गर्द तांबडा, नारिंगी, जांभळा आणि निळा या गर्द रंगाची किंवा थोड्या फिक्कट रंगाची असतात. पी ऑबकोनिकाची फुले तांबडा, गुलाबी, जांभळा आणि पांढरा या रंगाची असतात. या सर्वांच्या मध्यभागी पिवळा रंग असतो. ही फुले समूहात लांब दांड्यावर येतात. मध्यभागी पिवळ्या रंगात हिरव्या रंगाचा डोळा असतो. पी. ऑबकोनिका हे वार्षिक असून फुले येऊन

गेल्यानंतर ते झाड काढतात.

टेकड्यांच्या भागात या झाडांची वाढ चांगली होते. या झाडास थंड आणि अर्धसूर्यप्रकाश मानवतो. झाडाला सूर्य प्रकाश हवा असतो. परंतु तो प्रत्यक्ष नको असतो. त्याला नियमित पाणी व पंधरवड्यातून एकदा तरी द्रवखत द्यावे.

मिनिएचर गुलाब

मिनिएचर (फार लहान) गुलाब घरात लावून घरशोभा वाढविता येते. हे गुलाब दोन चिनी बुटक्या गुलाबापासून तयार झाले आहेत. त्यापैकी आर. लॉरेंसिएना आणि आर. खलेटी हे फार ठेंगू म्हणजे फक्त १० ते १५ सें. मी. उंचीचे असतात. त्याना फर्न प्रमाणे पाने असून त्यांची फुले हायब्रिड टी गुलाबाप्रमाणे असतात. आर. लॉरेंसिएना गुलाब थोडे उंच म्हणजे २० ते ३० सें. मी. उंचीचे अधिक मजबूत आणि थोडी मोठी फुले असतात.

मिनिएचर गुलाब सर्वसाधारणपणे लहान कुंडीत, लहान तबकात किंवा विंडो बॉक्समध्ये लावतात. ते खिडकीच्या फरशीवर, शेल्फवर, टेबलवर किंवा ट्रॉलीवर ठेवतात. फिक्कट करडा किंवा निळा आणि पांढऱ्या रंगाच्या चिनी मातीच्या किंवा दगडाच्या तबकात, भांड्यात ठेवल्यास हे गुलाब फार आकर्षक दिसतात.

ज्यावेळी या झाडावर फुलांच्या कळ्या दिसू लागतात त्यावेळी ही झाडे घरात आणावीत. त्यानंतर त्याना मधून मधून बाहेर ठेवून मग घरात आणावे. या गुलाबाच्या किमान दोन कुंड्या असाव्यात. एक बाहेर ठेवल्यानंतर दुसरी आत आणता येईल. मिनिएचर गुलाबाच्या अनेक चांगल्या जाती आहेत. त्यापैकी काही जाती खालीलप्रमाणे आहेत.

१) बेबी गोल्ड स्टार (गोल्डन यलो), २) बेबी मासक्वरेड (पिवळा रंग, गुलाबी व तांबडा होतो) ३) कोरॅलिन (तांबडा, नारिंगी) ४) क्राय क्राय (सामन पिंक) ५) लिटल बुकारु (वालवेटी रेड) ६) पेळी डी मॉन्टसारत (रोज पिंक) ७) प्रिन्स चार्मिंग (स्कार्लेट क्रिमसन) ८) रोझिना (गोल्डन यलो) ९) रोझमरीन (सिल्व्हर रोझ) १०) सिंपल सिमन (रोझ पिंक) ११) दि फेअरी (व्हाईट शेडेड पिंक) १२) टिंकर बॉल (रोझ रेड) १३) टॉम थंब (क्रिमसन) १४) टि्वंकल (पांढरा)

वेलीजा मिनिएचर गुलाबही आहेत. त्यात १) जॉकी (यलो) २) लिटल बकारू (ब्राईट रेड) ३) पिंक कॅमिओ (रोझ-पिंक)

मिनिएचर गुलाबाच्या बुटक्या जातीही घरात लावता येतात. त्यात आयडियल, मॅडम ग्लॅडस्टोन, कॅमिओ, ग्रॅनडा, वाटर ताज आणि बुटक्या फ्लोरीबंडा– रुंबा व संबा या जाती घरात लावता येतात.

डिसेंबर ते एप्रिल या मोठ्या कालावधीत या गुलाबाना भरपूर फुले येतात. तसेच पावसाळ्यातही या जातीना काही प्रमाणात फुले येतात.

पावसाळा संपल्यानंतर सप्टेंबर ते आक्टोबर या कालावधीत मिनिएचर गुलाब लावावेत. याची रोपे, बी, कटींग व कलमापासून तयार करतात. त्याना छाटणी करावी लागत नाही. फक्त काही शेंडे चुरगळणे किंवा वाळलेले शेंडे काढावे लागतात. याना फार खते देऊ नयेत. कारण तसे केल्यास त्यांचा आकार, त्यांचे गुणधर्म रहात नाहीत. इतर गुलाबाप्रमाणे या गुलाबावर फारसे रोग-किडी येत नाहीत.

अलिकडे मिनिएचर गुलाबाच्या पुढील जाती लागवडीसाठी मिळाल्या आहेत.

स्टारस-एन-स्ट्रिपस (तांबडे व पांढरे पट्टे असलेले), रेड डॉट (गर्द तांबडा), कपकेक (गुलाबी), होंबरे (फिक्कट पिवळा रंग खाली व फिक्कट गुलाबी वर), व्हलेरी जीन (गर्द गुलाबी), कॉर्न सिल्क (पिवळा), राईज एन शाईन (गर्द पिवळा) सॉफ्टी (काटे नसलेला, हस्तीदंती शुभ्र), ऑटम फायर (गर्द नारिंगी), स्नो ब्राईट (पांढरा) आणि ड्रीम ग्लो (पांढरा रंग एका बाजूला तर तांबडा व पांढरा दुसऱ्या बाजूला).

आफ्रिकन व्हायोलेट

घरसजावटीचे हे एक सुंदर झाड आहे. जवळ जवळ वर्षभर या झाडाला फुले येतात. याची पाने जाड, मांसल आणि हृदयाच्या आकाराची असतात. याची फुले गोल, निळ्या रंगाची असून फुलांच्या मध्यभागी पिवळा पूंकेसर असतो. याच्या काही संकरीत जातीही उपलब्ध असून त्यांच्या फुलांचा रंग निळा, गुलाबी, जांभळा, पांढरा आणि दोन रंगीही असतो. फुले सिंगल किंवा डबलही असतात. या झाडाच्या अनेक जाती उपलब्ध आहेत. त्यापैकी बऱ्याच संकरीत आहेत. काचेच्या बाटलीत किंवा काच हंडीत लावण्यासाठीही हे झाड चांगले आहे.

थंड, भरपूर आर्द्रता आणि ओलसर हवामानात हे झाड चांगले वाढते. भरपूर फुले लागण्यासाठी या झाडास भरपूर सूर्यप्रकाश आवश्यक असतो. अपुरा सूर्यप्रकाश असल्यास झाडाला फुले येत नाहीत. यात पाणी नेहमी कुंडीच्या खालील भागातून द्यावे. कारण वरील भागातून पाणी दिल्यास पानावर पाणी पडून पानांवर डाग पडतात, ती कुजतात. दिवसातून १६ तास कृत्रिम प्रकाश उपलब्ध असल्यास हे झाड चांगले वाढते. जी झाडे कुंडीत किंवा भांड्यात लावली आहेत त्याना भरपूर चांगली फुले येतात. द्रवरूप खत दिल्यास चांगली व अधिक फुले येतात.

व्हर्बेना

अनेक वर्षे चांगले राहणारे हे झाड असून त्याला पांढरी, जांभळी आणि गुलाबी फुले येतात. त्याची पाने छान कातरलेली असतात. उन्हाळ्यात व्हर्बिनास फुले येतात. ते फार झपाट्याने वाढते.

लोंबकळणाऱ्या टोपल्या, विंडो बॉक्सेस आणि उथळ भांड्यात लावण्यासाठी चांगले आहे. त्यास ओलसर माती मानवते. अर्धसावली किंवा पूर्ण सूर्यप्रकाशातही त्याची चांगली वाढ होते.

फ्लॉवरींग मॅपल

हे झाड फार सुंदर असते. झाड लहान असताना त्यास हवे तसे वळविता येते. या झाडाची पाने मॅपल सारखी असतात. पानांच्या सांध्यातून घंटेच्या आकाराची फुले येतात. संकरित जातीची फुले तांबडी, गुलाबी, पिवळी किंवा पांढरी असतात. 'कॅनरी बर्ड' जातीची फुले अधिक काळ टिकणारी असल्याने खिडकी समोर ते झाड लावून शोभा अधिक वाढविता येते.

सुमारे ३ वर्षात या झाडाची उंची व घेर १ मीटर पर्यंत वाढतो. वाढणारे शेंडे कुस्करुन झुडूपासारखी वाढ करावी. या झाडास ऊबदार हवामान व चांगला सूर्यप्रकाश मानवतो. हिवाळ्यात या झाडास कमी पाणी द्यावे.

ऑलमँडा कॅथार्टिका (गोल्डन ट्रंपेट)

या झाडाची फुले सोनेरी रंगाची व बिगुलाच्या आकाराची असल्याने त्यास गोल्डन ट्रंपेट असेही म्हणतात. ही फुले वेलीवर बरेच दिवस राहतात.

ही एक वेल आहे. तिची पाने अंडाकृती असतात. त्यांचा रंग गर्द हिरवा आणि चकाकणारा असतो. लांब दांड्यावर ही पाने असतात. कडेला किंवा टबमध्ये लावल्यास आणि भिंतीवर चढविल्यास त्याने सर्व भिंत झाकली जाते. लहान खोलीत लावायचे असल्यास ही वेल कुंडीत लावून कुंडीवर किंवा भांड्यावर लोखंडी जाळी लावून त्यावर आकर्षक आकारात पसरवितात.

या वेलीस उष्ण हवामान आणि अर्धसूर्यप्रकाश मानवतो. ही वेल फार झपाट्याने वाढते आणि तिची उंची व घेर २.५ मीटर पर्यंत वाढू शकतो. या वेलीची मधून मधून छाटणी करावी. तसेच द्रवरूप खत द्यावे. हिवाळ्यात त्यास कमी पाणी द्यावे.

बोगनव्हिला

हे सर्वांच्या परिचयाचे वेलीवजा झुडुप आहे. याची फुले कागदाप्रमाणे पातळ असल्याने त्यास 'पेपर फ्लॉवर' असेही म्हणतात.

या झाडास काटे असतात. त्यांचे खोड जाड लाकडाचे असते. बोगनव्हिलास येणारी रंगी-बेरंगी फुले आपण सगळीकडे पाहतो. पिवळसर-पांढरी, गुलाबी, नारिंगी, तांबडी अशा अनेक रंगात याची फुले येतात. एकाच

झाडावर दोन रंगाची फुलेही काही वेळा आढळतात. ही फुले गुच्छात येतात.

हे झाड वेलीसारखे वाढत असले तरी त्याची वरचेवर छाटणी करून त्याला झुडुपाचा आकार देता येतो. घरात अशीच झाडे अधिक चांगली दिसतात. कुंडीत किंवा भांड्यात त्याना वळण देऊन आकर्षक आकार देता येतो. या झाडाची ऊंची व घेर २ मीटरपर्यंत वाढतो. शेंडे वरचेवर चुरगळल्याने त्यांची झुडुपासारखी वाढ होते.

या झाडास ऊबदार हवामान व भरपूर सूर्यप्रकाश हवा असतो. म्हणून ज्या खोलीत भरपूर सूर्यप्रकाश येत असेल अशाच खोलीत ही झाडे ठेवावीत. त्यामुळे त्याना अधिक चांगली रंगीत फुले येतात. द्रवरूप खत वरचेवर द्यावे. हिवाळ्यात कमी पाणी द्यावे.

ब्रार्व्हॉलिया

हे फार छान झाड आहे. या झाडास निळी-जांभळी आकर्षक फुले लागतात. ती बरेच दिवस झाडावर असतात. ही झाडे वर्षायू म्हणून वापरतात. त्यामुळे फुलांचा हंगाम संपल्यानंतर ती बाजूला ठेवतात.

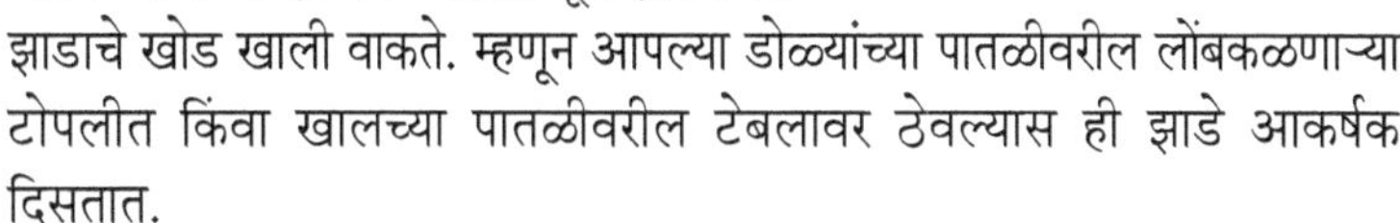

ऊंच वाढणाऱ्या व ठेंगू या प्रकारातील अनेक जाती या झाडात आहेत. जून झाल्यानंतर झाडाचे खोड खाली वाकते. म्हणून आपल्या डोळ्यांच्या पातळीवरील लोंबकळणाऱ्या टोपलीत किंवा खालच्या पातळीवरील टेबलावर ठेवल्यास ही झाडे आकर्षक दिसतात.

या झाडाची उंची व घेर ६० सें. मी. असतो. वाढणारे शेंडे कुस्करल्यामुळे

त्यांची वाढ झुडुपासारखी होते.

या झाडास उष्ण हवामान व भरपूर सूर्यप्रकाश मानवतो. म्हणून भरपूर सूर्यप्रकाश येणाऱ्या खोलीत ही झाडे ठेवावीत.

कँपॅनुला

या झाडाला सुंदर पांढरी किंवा फिक्कट निळ्या रंगाची फुले गुच्छात इतकी लागतात की त्यामुळे त्यांची हिरवी पानेही दिसत नाहीत. हे एक वर्षायु झाड असून फुलांचा हंगाम संपल्यानंतर ते झाड काढून टाकतात. लोंबकळत्या टोपलीत किंवा खिडकीतील बॉक्समध्ये लावण्यासाठी हे झाड चांगले आहे. नेहमीच्या खोलीत या झाडाने शोभा वाढते. या झाडास थंड हवा व चांगला सूर्यप्रकाश मानवतो.

या झाडाचे कोवळे शेंडे ३० सें. मी. उंचीपर्यंत वाढतात. झाडाची झुडुपासारखी वाढ होण्यासाठी कोवळे शेंडे कुस्करावेत. झाडाला मधून मधून द्रवरूप खत द्यावे. उन्हाळ्यात झाडावर पाण्याचे फवारे मारावेत.

२० हंगामी फुलणारी फुलझाडे

कॅल्सिओलेरिया, सिनेरेरिया, ख्रिसेंथेमम, साल्व्हिया इत्यादी झाडे बाहेर ठेवून फुले लागायला सुरूवात झाल्यानंतर ती खोलीत आणून ठेवतात. या फुलणाऱ्या झाडामुळे खोलीला अधिक शोभा येते. ही झाडे फक्त शोभेची पाने असलेल्या झाडासोबत ठेवल्याने आकर्षकता वाढते. त्यांना फुले येऊन गेल्यानंतर पुन्हा त्यांना घराबाहेर ठेवावे लागते. अशा काही निवडक झाडांची माहिती पुढे दिली आहे

कॅलसिओलेरिया

वर्षभर आणि अनेक वर्षे टिकणारी अशी दोन्ही प्रकारची झाडे यात आहेत. बहुवर्षायु प्रकारात कॅलसिओलेरिया हर्बिओफिब्रिडा ही संकरीत जात असून ती उंचीने कमी आहे. याची पाने गर्द हिरवी असतात. या झाडाला लहान पिशवीसारख्या आकाराची विविध भडक रंगाची फुले लागतात. ही फुले फार आकर्षक असून ती पानांच्या वरील बाजूस असतात. गर्द नारिंगी, पिवळा, तपकिरी, लाल, जांभळा या रंगाची फुले असतात. तसेच फिक्कट गुलाबी किंवा इतर रंगाचीही फुले असतात. यात एक ठेंगू जात असून तिला लहान आकाराची फुले असतात.

हे झाड डोंगराळ भागात अधिक चांगले येते. तथापि या झाडाच्या काही जाती उदा. सो. मॅक्सीकना सखल भागातही चांगल्या येतात. याचे झाड मध्यम उंचीचे असून त्याची फुले लहान, मऊ, फिक्कट पिवळ्या रंगाची, पिशवीच्या आकाराची असतात. ही झाडे अर्धसावलीत कुंडीत लावावीत.

या झाडाचे रोप बियापासून करतात.

या झाडास थंड आणि ओलसर हवामान मानवते. त्याला अर्धसावलीत ठेवावे. फुले लागतात त्यावेळी त्यास द्रवरुप खत द्यावे. त्यामुळे चांगली फुले येतात.

ख्रिसेंथेमम

या झाडांची फार आणि सतत काळजी घेतली तरच ती फुलाने बहरतात.

ज्यांच्याकडे घरातील झाडे काही काळासाठी तरी बाहेर ठेवण्याची व्यवस्था नाही त्यांनी हे झाड शक्यतो वाढवू नये. त्याऐवजी फुलावर आलेली झाडेच विकत आणून काही काळासाठी घरातील खोलीत ठेवावीत.

या झाडात विविध प्रकारच्या ७ जाती आहेत. त्यांना वेगवेगळ्या आकाराची, वेगवेगळ्या रंगाची फुले लागतात. निळा रंग वगळून इतर सर्व रंगाची फुले या झाडात आहेत. काही फुलांना वेगळा सुवास असतो.

याची रोपे बी, कोंब आणि कटिंगपासून तयार करतात. अर्थात बियापासून केलेली रोपे मूळ झाडासारखी असतातच असे नाही. सर्वसाधारणपणे सप्टेंबर/आक्टोबरमध्ये लावणे योग्य असते. त्यानंतर सुमारे एक वर्षानंतर त्यास फुले येतात. फुले येऊन गेल्यानंतर फळवाढीच्या सुरुवातीस झाडाची छाटणी करतात. त्यामुळे मुळ्याना कोंब फुटून ते मातीच्या वर येतात. ते कोंब कुंडीत लावून झाड तयार करतात. हे झाड व्हरांडा किंवा गच्चीत ठेवून त्यास वरचेवर पाणी द्यावे. परंतु प्रखर सूर्यप्रकाश व पाऊस यापासून झाडाचे संरक्षण करावे. ज्या कुंडीत किंवा भांड्यात हे झाड लावायचे त्याच्यातून पाण्याचा चांगला निचरा होणे आवश्यक आहे. ऑगस्ट महिन्यात कुंडीत आलेले कोंब काढून दुसऱ्या २० सें. मी. आकाराच्या कुंडीत लावावे. या कुंडीत झाड लावण्यासाठी १ भाग माती, १ भाग वाळू, २ भाग पानांचे खत, २ भाग शेणखत, १/४ भाग लाकडाच्या कोळशाचे लहान भाग व राख आणि २ चमचे हाडांचे खत घालावे. झाडास वरचेवर पाणी द्यावे.

झाडाना फुलांचा चांगला बहार येण्यासाठी काही जातींचे शेंडे कुस्करावेत आणि कळ्या काढून टाकाव्यात. शेंडे कुस्करल्यामुळे मोठ्या आकाराची फुले लागतात. आक्टोबर मध्ये झाडाना काठीचा आधार द्यावा. झाडाना कळ्या लागल्यानंतर त्या अर्ध्या उघडे पर्यंत त्याना द्रवरुप खत द्यावे. अर्थात झाडाना फार खते देऊ नयेत. २८ ग्रॅम सल्फेट ऑफ पोटॅश २ लिटर पाण्यात मिसळून त्यातील एक छोटे भांडे मिश्रण झाडाना कळ्या दिसू लागताना घातल्याने फायदा होतो असा अनुभव आहे.

झाडाना वरचेवर पाणी द्यावे मात्र जरूरीपेक्षा अधिक पाणी देऊ नये.

या झाडावर अनेकदा रोग-किडी येतात. मर रोगाने झाडे मरतात. अशी झाडे उपटून नष्ट करावीत. हिवाळ्यात झाडावर तुडतुडे येतात. त्यापासून संरक्षण

करण्यासाठी २ ग्रॅम मॅलेथिऑन किंवा बासुदिन १ लिटर पाण्यात मिसळून झाडावर फवारावे.

सिनेरेरिया

कुंडीत वाढणारी, सावलीत येणारी ही फार चांगली झाडे आहेत. या झाडास डेझीच्या फुलांसारखी वेगवेगळ्या रंगाची फुले येतात. पांढरा, लव्हेंडर, गुलाबी, जांभळा, निळा, तांबडा, स्कारलेट अशा अनेक रंगाची फुले येतात. ही फुले अनेक पानांच्या मध्यभागी गुच्छात येतात. फुलांच्या मध्यभागी गोल आकाराचा वेगळ्या रंगाचा भाग असतो.

याची पाने मांसल असून त्यांचा खालील भाग अनेकदा निळसर रंगाचा असतो. ही झाडे वर्षायू असतात. त्यामुळे फुले येऊन गेल्यानंतर त्याना बाजूला ठेवावे लागते.

या झाडाना थंड हवा व चांगला सूर्यप्रकाश मानवतो. फुलणाऱ्या झाडांची ऊंची व घेर ३० सें. मी. पर्यंत असतो.

या झाडाला अधिक दिवस फुले लागण्यासाठी कुंडीतील माती वाळणार नाही याकडे नियमित लक्ष द्यावे. कारण याची पाने मोठी असल्याने पाण्याचा त्यातून अपव्यय होतो. म्हणून अशा परिस्थितीत माती कोरडी झाल्यास झाड वाळते.

सप्टेंबरमध्ये याचे बी पेरल्यास त्यास फेब्रुवारी-मार्चमध्ये फुले येतात.

सायक्लेमेन पर्सिकम

घरात तात्पुरते ठेवून शोभा वाढविण्यासाठी हे एक फार सुंदर झाड आहे.

त्यास हृदयाच्या आकाराची, त्यावर आकर्षक खुणा असलेली व मांसल देठ असलेली पाने असतात. पानांच्या वर, सरळ लांब दांड्यावर यास सुंदर फुले लागतात. फुलांचे विविध रंग असतात. त्यात गुलाबी, जांभळा, तांबडा, पांढरा इत्यादी रंगांचा समावेश असतो. वाऱ्याने वळल्याप्रमाणे या फुलांच्या पाकळ्या मागील बाजूस वळलेल्या असतात. त्यामुळे मागील बाजूस पंख वळलेल्या फुलपाखराप्रमाणे त्या दिसतात.

हे झाड सपाट प्रदेशापेक्षा डोंगराळ भागात अधिक चांगले येते. सपाट प्रदेशात ते वर्षभरच दिसते. बी किंवा कंदापासून याची रोपे करतात. अर्थात कंदापासून रोपे तयार करणे सोपे असते. हे कंद ऑगस्टमध्ये लावून झाड सप्टेंबरमध्ये खोलीत आणून ठेवावे म्हणजे ते डिसेंबर ते एप्रिल किंवा मे पर्यंत फुलेल.

यास थंड हवामान आणि अर्ध सूर्य प्रकाश मानवतो. याची उंची जास्तीत जास्त २० ते २५ सें. मी. पर्यंत असते. या झाडास प्रत्यक्ष पाणी ओतू नये. तर याची कुंडी पाण्यात ठेवावी. कारण अधिक पाणी झाल्यास त्याचा कंद कुजण्याची भीती असते. चांगला निचरा होणारी माती या झाडासाठी वापरावी. ज्यावेळी झाडावर फुलांच्या कळ्या दिसतील त्यावेळी त्यास द्रवरूप खत द्यावे. त्याच्या बरोबर थोडे पालाशही द्यावे. महिन्यातून एकदा हे खत दिल्यास त्यास चांगली फुले लागतात.

साल्व्हिया

या झाडाच्या दोन जाती बहुवर्षायु असल्या तरी त्या वर्षायु म्हणूनच वापरतात. या दोन्ही जातीची रोपे बियापासून करतात. 'स्कारलेट रोज' जातीची फुले गर्द शेंदरी रंगाची असतात. 'ग्लेज ऑफ फायर', 'फायर बॉल' आणि 'हरबिंगर' या जाती कमी उंचीच्या आहेत. 'स्कारलेट पिग्मी' ही जात तर १५ ते २० सें. मी. उंचीची असते. या झाडाच्या काही जातीना लव्हेंडर ब्ल्यू किंवा पांढरी फुले येतात.

या झाडाच्या बहुतेक जाती सावलीत चांगल्या येतात. मे ते सप्टेंबर-आक्टोबर पर्यंत या जातींना फुले लागतात. फार थंड हवेचा झाडावर अनिष्ट परिणाम होतो. मध्यम हवामानात ही झाडे वर्षभर चांगली येतात.

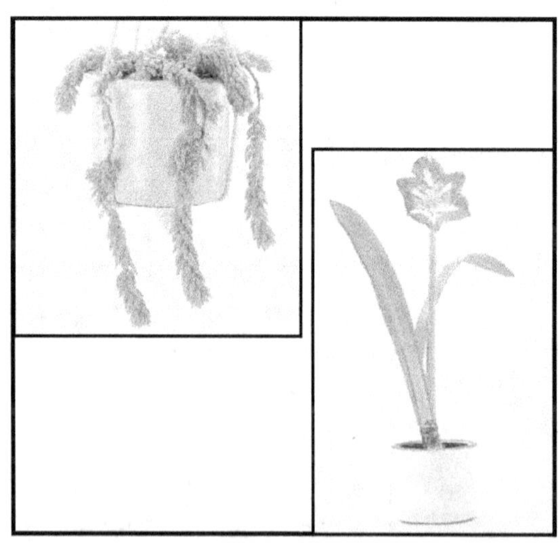

रोपांची पुनर्लावणी केल्यानंतर २ ते २.५ महिन्यानी 'साल्व्हिया' झाडास फुले येतात आणि ती बरेच महिने टिकतात.

'साल्व्हिया पॅटन्स' या झाडाला ४६ सें. मी. लांबीचे काटे असतात किंवा त्यास सुंदर गर्द निळ्या रंगाची फुले येतात. त्यांची लागवड सपाट भागात आक्टोबर महिन्यात करावी.

या झाडाच्या सर्व जातीची रोपे बी लावून करता येतात. परंतु बियांची उगवण फार कमी आणि अनियमित असते. या झाडासाठी पुढील प्रमाणे मिश्रण वापरावे. ४ भाग माती, १ भाग पानांचे खत, चांगले कुजलेले शेणखत आणि वाळू अशा मिश्रणात ही झाडे चांगली वाढतात.

□

२१ | कंदमुळांची फुलणारी झाडे

अनेक दिवस फुलणारी, काही दिवस फुलणारी झाडे यांची माहिती आपण घेतली. यातही आणखी एक प्रकार आहे. तो प्रकार फुलांच्या मुळावर आहे. मुळांचे अनेक प्रकार असतात. त्याच्या खोलात जाण्याची जरुरी नाही. परंतु काही फुलणाऱ्या झाडांची मुळे कंदमुळे असतात. अशा झाडांचा एक वेगळा गट केला आहे. त्यातील प्रमुख झाडे पुढीलप्रमाणे आहेत.

क्लिव्हिया मिनिटा

हे एक सुंदर, सदाहरित, कंदमुळाचे फुलणारे झाड आहे. या झाडास लांब, पट्ट्याच्या आकाराची हिरवी पाने असतात. त्यास छत्राकृती नारिंगी, पिवळ्या रंगाच्या मंजरी असतात. उन्हाळ्यात यास नरसाळ्याच्या आकाराची फुले येतात. अमरिलीसप्रमाणे याची वाढ होते. डोंगराळ भागात फेब्रु-मार्चमध्ये याचा कंद लावतात. सपाट भागात हे झाड फार चांगले येत नाही.

या झाडाची वाढ भरपूर सूर्यप्रकाशात चांगली होते. तसेच उष्ण व ओलसर हवामान यास मानवते. उन्हाळ्यात यास द्रवरूप खत देणे फायद्याचे असते.

युचारिस ग्रँडीफ्लोरा

या झाडाची पाने भाल्यासारखी सुमारे ४५ सें. मी. लांबीची गर्द हिरवी असतात. पावसाळ्यात या झाडास ५ ते ७ मोठी पांढरी, गोड सुवासाची फुले लागतात. याचे कंद मार्च-एप्रिलमध्ये लावतात.

या झाडास उष्ण व ओलसर हवामान मानवते. तसेच अर्धसावलीत हे झाड चांगले येते.

ग्लोरीओसा

'ग्लोरीओसा सुपरब'ला 'क्लायमिंग ग्लोरी लिली' असेही म्हणतात. ही एक वेल असते. तिला भिंतीवर किंवा पडद्यावर चढविले असता छान दिसते. त्यास फार

सुंदर फुले लागतात. फुले उमलताना त्यांचा रंग पिवळा असतो. नंतर तो रंग गर्द तांबडा किंवा नारिंगी वा तांबडा होतो. फुलांच्या पाकळ्या नागमोड्या आणि फार सुरकुत्या पडलेल्या असतात. यांचे कंद लांब आणि पेन्सिल इतके जाड असतात. लखनौ येथील नॅशनल बोटॉनिकल रिसर्च इन्स्टिट्यूटमध्ये याच्या ७० जाती लावल्या आहेत.

मार्च-एप्रिलमध्ये याचे कंद कुंडीत आडवे लावावेत. जुलै-सप्टेंबरमध्ये वेलीला फुले येतात. या वेलीस वरचेवर पाणी घालावे. यास हलकी जमीन मानवते. ही वेल मुळची म्हैसूरची आहे. तेथे हिला सप्टेबर ते नोव्हेंबर या कालावधीत फुले येतात. उत्तर प्रदेश व इतर भागात ही जंगलातही वाढते.

हेमँथस मल्टीफोरस

या झाडास चेंडूच्या आकाराची मोठी फुले येतात. त्यांच्या फुलांचा रंग नारिंगी किंवा गर्द तांबडा असतो. ही फुले लांब व मजबूत दांड्यावर मे-जुलै मध्ये येतात.

या झाडाचे कंद कुंडीत फेब्रुवारीत लावावेत. भरपूर सूर्यप्रकाश व ओलसर माती या झाडास मानवते.

अमरिलीस

या झाडास तुतारीच्या आकाराची, लांब दांड्यावर २, ४ किंवा ५ च्या समुहाने फुले येतात. ही फुले फार आकर्षक असतात. सपाट भागात हे झाड मार्च-एप्रिल महिन्यात फुलते. याचे कंद सप्टेंबर-ऑक्टोबर किंवा डिसेंबर-जानेवारीमध्ये लावावेत. डिसेंबर-जानेवारीत लावणे अधिक योग्य असते.

सपाट भागात ऑक्टोंबर ते डिसेंबर महिन्यात पाने वाळतात. त्यावेळी पाणी बंद करावे. त्यामुळे कंदाना विश्रांती मिळते आणि उन्हाळ्यात त्यांना चांगली फुले येतात. डिसेंबर-जानेवारी महिन्यात कंदाना पुन्हा पाणी द्यावे. त्यामुळे त्यास पाने फुटतील.

ज्या जातीची फुले आकाराने लहान आहेत त्यांना अधिक फुले एका दांड्यावर लागतात. परंतु डच हायब्रिड सारख्या जातींना १२ सें.मी आकाराची मोठी फुले लागतात. ही फुले २ किंवा ४ समुहातच लागतात.

फुलांचा रंग गर्द तांबडा, नारिंगी, तांबडा, पांढरा, गुलाबी, नारिंगी, पांढरा इत्यादी असतो. या गर्द रंगाच्या फुलावर तांबडे किंवा पांढरे पट्टे असतात. मूळ प्रकारचे अमरिलीस झाड फक्त डोंगराळ भागातच चांगले येते.

या झाडास उष्ण व दमट हवामान मानवते. भरपूर सूर्यप्रकाशात फुले अधिक चांगली येतात. लहान भांड्यात लावलेली झाडे मोठ्या भांड्यातील झाडापेक्षा चांगली येतात. म्हणून १५ सें.मी आकाराच्या भांड्यात झाडे लावावीत. कंद लावून झाडाची लागवड करतात. हा कंद लावताना १/२ ते ३/४ कंद जमिनीच्या वर राहील असा लावावा.

हायमेनोकॅलीस

या झाडाची उंची ३० ते ६० सें.मी इतकी असते. त्याची पाने लांब, रूंद आणि पट्ट्याच्या आकाराची असतात. याची फुले पांढऱ्या रंगाची, आठ पाकळ्यांची आणि सुवासिक असतात. त्यांच्या पाकळ्या नाजूक, लांब, अरूंद असून त्या खालच्या बाजूस बांधल्या सारख्या असतात. ही फुले पावसाळ्यात येतात. ती लांब दांड्यावर छत्राकृती आकारात असतात.

फुलांचा हंगाम संपल्यानंतर सप्टेंबर-ऑक्टोबरमध्ये याचे कंद लावतात. या झाडास सुपीक व चांगला निचरा होणाऱ्या मातीची आवश्यकता असते. अशा मातीत झाडाची चांगली वाढ होते. चांगल्या सूर्यप्रकाशात किंवा अर्धसूर्यप्रकाशात यांची लागवड करता येते. कुंडीत झाड चांगले वाढते.

लिलीयम लाँजीप्लोरम-इस्टर लिली

या झाडास इस्टर लिली या नावानेही ओळखले जाते. हे झाड उंच वाढते. त्यास स्वच्छ पांढऱ्या रंगाची, तुतारीच्या आकाराची सुवासिक फुले येतात. उत्तर भारतात मे-जूनमध्ये हे झाड फुलते. तर डोंगराळ भागात त्यास मार्च-एप्रिलमध्ये फुले येतात. चांगला सूर्यप्रकाश झाडाला मानवतो.

सखल भागात सप्टेंबर-ऑक्टोबरमध्ये कंद लावावेत. फुलांचा हंगाम संपल्यानंतर कंद काढून ते सुकवावेत. बरेच आठवडे कंद साठवून ठेवून त्यांना विश्रांती द्यावी. मगच ते चांगल्या निचऱ्याच्या जमीनीत व सावलीच्या ठिकाणी लावावेत.

ग्रेप हायसिंथ

हे एक लहान झाड असून त्याला लांब, अरूंद गवतासारखी पाने असतात. त्या पानांवर बरेच वरच्या बाजूला लांब दांड्यावर गोल आकाराची पांढऱ्या अकिवा निळ्या रंगाची लहान लहान फुले गुच्छनी येतात. त्या गुच्छाचा आकार घंटेसारखा असतो. हा निळ्या रंगाच्या फुलांचा गुच्छ द्राक्षाच्या घडासारखा दिसतो. यापैकी

एका जातीच्या झाडाला गर्द निळ्या रंगाची फुले येतात. या फुलांना गोड सुवास असतो.

उत्तर भारतात ग्रेप हायसिंथची वाढ चांगली होते. त्याचे कंद सप्टेंबर-ऑक्टोबरमध्ये लावल्यास त्यास फेब्रुवारी-मार्चमध्ये फुले येतात.

या झाडाची उंची १५ सें.मी पर्यंत असते. त्यास थंड हवामान व सूर्यप्रकाश मानवतो.

डॅफोडिल्स आणि नारकिसस

या वर्गातील झाडांच्या ११ वेगवेगळ्या जाती आहेत. त्यात ट्रंपेट, लार्ज कप, स्मॉल कप, डबल, ट्रायेंड्रस, इत्यादींचा समावेश होतो. काही झाडांची उंची फक्त ४५ ते ६० सें.मी असते. तर काहींची फक्त ८ सें.मी उंची असते. त्याची पाने लांब, अरूंद, गवतासारखी हिरवी असतात.

लांब दांड्यावर यास फुले लागतात. ही फुले दांड्यापासून एका अरूंद नळीवर लागतात. जातीनुसार फुलांचा वेगळा आकार असतो. तसेच जातीनुसार नळीची लांबी वेगवेगळी असते. तसेच त्यांचा रंग पांढरा, पिवळा, काही वेळा लेमन किंवा तांबूस असतो. त्यांच्या करोनाचा आकार व रंगही वेगवेगळा असतो.

सर्वसाधारणपणे एका देठाला एक फूल असते. परंतु काही संकरीत जातीत २ किंवा ३ फुले असतात. तर टझेटा या जातीत जास्तीत जास्त १० फुले येतात. या संकरीत जातींच्या फुलांना फार चांगला सुगंध असतो. परंतु इतर जातींना फार कमी किंवा अजिबात सुगंध नसतो.

डॅफोडिल्स आणि नारकिसस ही दोन्ही झाडे सर्वसाधारणपणे घरात लावण्यासाठी आहेत. 'पेपर व्हाईट' आणि ग्रँड सोलोलिड आणि इतर काही जाती घरात लावण्यासाठी फार चांगल्या आहेत. सपाट प्रदेशात नारकिसस फार चांगली फुलतात. परंतु त्यामानाने डॅफोडिल्स चांगली फुलत नाहीत.

घरातील लागवडीसाठी या झाडांचे कंद कुंडीत लावतात. पोयट्याची माती, वाळू आणि पानांचे खत सारख्या प्रमाणात आणि थोड्या प्रमाणात बारीक केलेल्या कोळशाची पूड यांच्या मिश्रणात झाड लावतात. कुंडीच्या आकारावर आणि स्वतःच्या आवडीवर कुंडीत किती झाडे लावायची हे ठरवावे. १५ सें.मी. आकाराच्या कुंडीत सुमारे ६ ते ९ कंद लावावेत. कुंडीतील मिश्रणाच्या वर कंदाचा थोडा भाग राहील अशा तऱ्हेने कंद लावावेत. परंतु कुंडीच्या उंचीच्या २.५ सें.मी. खाली कंदाचा वरील भाग राहील याची काळजी घ्यावी. कारण त्या भागात पाणी घालता येणे आवश्यक असते. कंद लावल्यानंतर त्याच्या भोवतालची जमीन हाताने घट्ट दाबावी आणि नंतर त्यास पाणी द्यावे.

कंद लावलेल्या कुंड्या थंड, अंधाऱ्या आणि हवेशीर खोलीत झाकलेल्या पेट्यात ठेवाव्यात. त्यांना वरचेवर पाणी द्यावे. सुमारे ३ आठवड्यानंतर जेव्हा ५ ते ७ सें.मी शेंड्याची वाढ होते त्यावेळी ही झाडे खोलीतील साधारण उबदार ठिकाणी सुमारे १५ दिवस ठेवावीत. त्या काळात त्यांना फुलांच्या कळ्या येतील. मग ती झाडे सूर्य प्रकाश येणाऱ्या घरातील खिडकीच्या आत ठेवावीत.

सर्वसाधारणपणे सप्टेंबर-ऑक्टोबरमध्ये कुंडीत कंद लावावेत. त्यास डिसेंबर ते फेब्रुवारी किंवा मार्चपर्यंत फुले राहतात. १५ ते २० दिवसांच्या अंतराने निरनिराळ्या कुंडीत कंद लावावेत. त्यामुळे फुलांचा बहर अधिक दिवस राहील.

नेरीन सर्निएन्सिस

या झाडाची पाने अरुंद आणि हिरवी असतात. फुले कोळ्याच्या आकाराची व ६ पाकळ्यांची असतात. लांब दांड्यावर, शेवटी छत्राकृती दिसतात. फुले फार आकर्षक आणि लालभडक रंगाची असतात. ऑगस्ट- सप्टेंबरमध्ये ज्यावेळी या झाडास फुले येतात त्यावेळी यास पाने नसतात. फुले आल्यानंतर त्यास पाने येतात. काही जातीना फुलांच्यावेळी पाने असतात.

अमरीलीसप्रमाणे या झाडाची लागवड करतात. कंद वाळवून त्याना पूर्ण विश्रांती दिल्यानंतर डिसेंबर जानेवारीत त्यांची लागवड करावी.

गुलछडी (पोलअँथस ट्यूबरोज)

या झाडाची फुले ६० ते ९० सें.मी उंचीच्या दांड्यावर लागतात. ती पांढरी शुभ्र आणि छान सुगंधी असतात. सिंगल व डबल फुलांचे असे दोन प्रकार यात आहेत. ऑगस्ट ते सप्टेंबर या महिन्यात पावसाळ्यात त्यास फुले येतात. फेब्रुवारी किंवा मार्चमध्ये याचे कंद लावतात. फुले येऊन गेल्यानंतर त्यांचे दांडे कापावेत. त्यामुळे नवीन फूल येते. फुलांचे ओझे दांड्याला सहन करता यावे म्हणून त्याना आधारासाठी काठी लावावी.

सिन्निजिआ स्पेसीकोसा

या झाडाची पाने व्हेलव्हेटसारखी व हिरव्या रंगाची जाड असतात. त्या पानावर भडक रंगाची, मोठी उमललेली, घंटीच्या आकाराची फुले भरपूर प्रमाणात येतात. फुलांचा रंग गर्द तांबडा, जांभळा, गर्द शेंदरी, व्हायोलेट निळा, गुलाबी, पांढरा शुभ्र किंवा निळा असतो. या फुलांच्या कडा पांढऱ्या असतात. किंवा नारिंगी रंगाच्या कडा पांढऱ्या असतात. बंगलोरच्या हवामानात ही झाडे चांगली येतात.

या झाडास हलकी व ओलसर माती चांगली असते. तसेच वाढीच्या काळात झाड द्रवरूप खतास चांगला प्रतिसाद देते. याचे रोप बिया किंवा पानांचे कटिंग लावूनही करता येते. परंतु घरात लावायचे झाड कंद लावून तयार करणे योग्य असते.

स्प्रेकेलिया

या झाडाची फुले मोठी आकर्षक आणि अप्रतिम कडक किरमिजी रंगाची असतात. ही फुले सरळ कॉकेडसारख्या दांड्यावर लागतात. उन्हाळा व पावसाळा हंगामात ही झाडे फुलतात. अमरिलीस झाडाच्या कंदाप्रमाणे या झाडाच्या कंदाना विश्रांती द्यावी. यासाठी झाडाचे पाणी बंद करावे. फेब्रुवारी किंवा मार्चमध्ये याचे कंद लावावेत.

टुलिप

टुलिप या झाडाच्या अनेक जाती असून त्यांचा आकार, रंग आणि ठेवण यांचे अनेक प्रकार आहेत. यांची पानेही साधी किंवा विविधरंगी असतात.

कपाच्या आकाराची ६ पाकळ्या असलेली फुले असतात. काही फुले एकाच रंगाची तर काही दोन किंवा अधिक रंगाची असतात. तर काहींच्यावर पट्टे असून वेगवेगळे रंग असतात. या फुलांचे तांबडा, किरमिजी, नारिंगी, पांढरा, काळा, गुलाबी, क्रीम, पिवळा, निळा इत्यादी विविध रंग असतात. टुलिपच्या फुलांच्या आकर्षक रंगात इतकी विविधता असल्याने आणि त्यांची फुले अप्रतिम असल्याने बागेतील फुलात त्यांचा वरचा क्रमांक असतो. हॉलंडमध्ये तर टुलिपची फुले व त्यांचे कंद विक्रीवरच त्यांची अर्थव्यवस्था अवलंबून आहे. त्या देशात या फुलाना इतके महत्त्व आहे.

कुंडी, पेले यात घरात लावण्यासाठी टुलिप उत्कृष्ट फुलझाडे आहेत. कॉफोरिस्स व नारकेसीप्रमाणे त्याची काळजी घेतली पाहिजे. काश्मीर, कुलुव्हेली आणि इतर डोंगराळ प्रदेशात ही झाडे चांगली येतात. मात्र सपाट भागात ती फार चांगली येत नाहीत.

टुलिप स्टेलाटा ही जात पेल्यात (बाऊल) लावण्यास अधिक योग्य असून ती सपाट भागात चांगली येते. या जातीची फुले आकाराने लहान असून ती पांढऱ्या रंगाची असतात. त्यांच्या कडा तांबूस रंगाच्या असतात. अधिक झाडे एकत्र

लावल्यास ही फुले आकर्षक दिसतात.

याचे कंद ऑक्टोबरमध्ये लावावेत. मग त्यास फेब्रुवारी किंवा मार्चमध्ये फुले येतात.

झेफिरेँथस

हे एक फार कमी वाढणारे झाड आहे. त्यास फार अरुंद, गवतासारखी पाने आणि पांढरी, पिवळी किंवा गुलाबी रंगाची फुले येतात. त्यापैकी कॅडिडा या जातीस पांढरी फुले, रोझिया जातीस गुलाबी आणि सल्फ्युरिआ जातीस पिवळी फुले येतात. हे झाड पावसाळ्यात फुलते. याच्या काही संकरित जातीही आहेत. त्याची फुले मोठ्या आकाराची गुलाबी रंगाची असतात. ते फार काटक झाड असून ते बरेच दिवस फुलावर असते. प्रतिकूल परिस्थितीतही ते चांगले वाढते.

२० सें.मी. आकाराच्या कुंडीत ६ ते ८ कंद लावता येतात. त्यास मार्च-एप्रिलमध्ये फुले येतात. रंगीबेरंगी आकर्षक फुले दिसण्यासाठी गुलाबी, पांढरा, पिवळा या रंगाच्या जाती एकाच कुंडीत लावाव्यात. ही विविधरंगी फुले फार छान दिसतात.

□

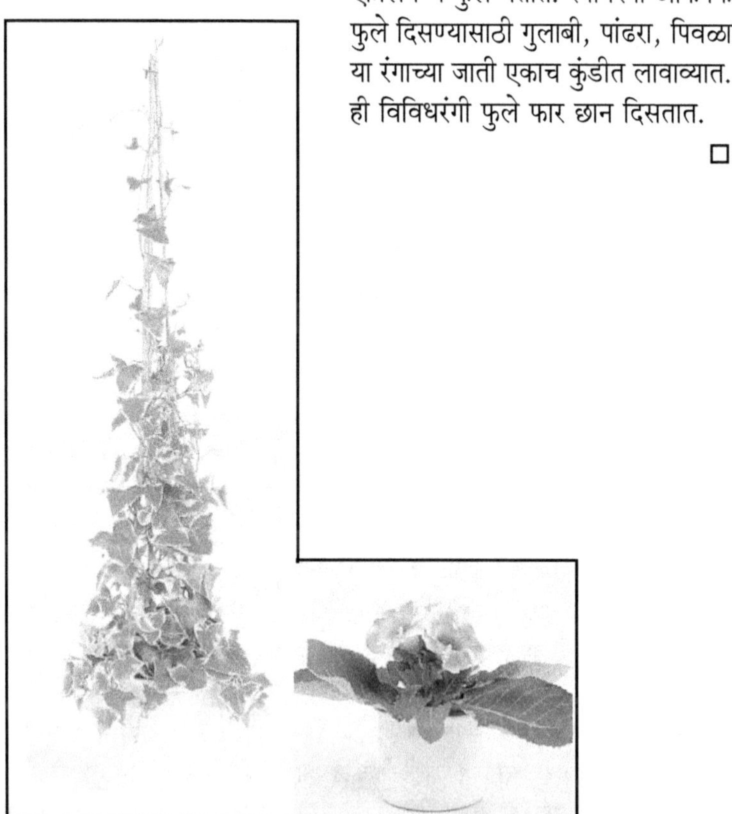

२२ फर्न

उष्णप्रदेशीय भागातील फर्नच्या अनेक जाती, अनेक प्रकार घरात ठेवण्यासाठी फार उपयुक्त आहेत. ते पूर्ण सावलीत किंवा अर्ध सावलीत वाढविता येतात. फर्नच्या अनेक जाती आपल्या देशातील आहेत.

फर्नच्या लहान आणि आकर्षक पानामुळे घरसजावटीच्या मांडणीच्या झाडात फर्नच्या कुंड्यांचा वापर आकर्षक दिसतो. पूर्वी फर्नची झाडे हरितघरात वाढवित. परंतु आता ही झाडे दिवाणखान्याची शोभा वाढवितात. दमट हवामान या झाडांना चांगले मानवते. म्हणून या कुंड्या घरात ठेवताना त्यांच्याभोवती दमटपणा निर्माण होईल याकडे लक्ष द्यावे.

घरात वाढवायला फर्न फार चांगले आहे. परंतु त्याची काळजी घ्यावी लागते. त्याच्या कुंडीतील माती सतत ओलसर ठेवावी. ती कोरडी होणार नाही याकडे लक्ष द्यावे.

१५ ते २० सें.मी. आकाराच्या कुंडीत फर्न वाढवितात. एक भाग वाळू, दोन भाग पानांचे खत, एक भाग माती, एक भाग कोळशाचे लहान तुकडे, एक भाग बारीक केलेला चुना आणि फुटक्या विटांचे लहान तुकडे यांचे मिश्रणात फर्न लावावे.

फर्न ६०° ते ७०° फॅरनहीट तापमानात चांगले वाढते. ७५° फॅरनहीटवर तापमान ठेवल्यास ते चांगले वाढत नाही. हे झाड अप्रत्यक्ष प्रकाशात चांगले वाढते. फर्नच्या सर्व जातीना ओलसर हवा मानवते. म्हणून त्यावर नियमितपणे पाण्याचा फवारा मारावा. फार थंडी असलेल्या भागात या झाडांचे थंडीपासून संरक्षण करावे. त्यासाठी त्याना संरक्षित जागी ठेवावे. तसेच उन्हाळ्यात त्याना झाडाच्या किंवा इतर सावलीत ठेवावे.

घरात लावण्यासाठी फर्नच्या अनेक जाती उपलब्ध आहेत. अर्थात नर्सरीत फार थोड्याच चांगल्या जाती मिळतात. आपण नेहमी बारीक पानांचे फर्न पाहतो. परंतु फर्न फार बारीक पानांचेच असते असे नाही. तर विविध आकारांच्या पानांचे फर्न असतात.

फर्नच्या कुंड्या मांडून ठेवण्यातही बरेच प्रकार आहेत. टांगत्या शिंकाळ्यात

फर्नच्या कुंड्या ठेवता येतात. ठळक व मोठ्या पानांचे फर्न ठळक कुंड्यात दर्शनीय पद्धतीने मांडून ठेवता येतात. काही नाजूक फर्न काचहंडीतही लावतात.

कुंडी मुळ्यानी व्यापल्यावर कुंडी बदलावी. फर्नचा वरचा वाढणारा शेंडा मातीत बुजू देऊ नये. फर्नचे रोप त्याच्या मुळ्यांचा गड्डा वेगळा लावून करतात. फर्नच्या पानांच्या मागे जे बारीक काळसर स्पोअर असतात. त्यापासूनही रोप करतात. नत्रयुक्त खत दिल्याने फर्नच्या पानांची वाढ चांगली होते.

फर्नची निवड

आपण कशासाठी फर्नचा उपयोग करणार आहोत त्यावर त्यांची निवड अवलंबून असते. त्यापैकी काही महत्त्वाची फर्न पुढीलप्रमाणे आहेत.

१) ठळकपणे मांडून ठेवण्यासाठी– नेफ्रोलेपीस, आस्प्लेनियम, बायकेनम जिबम

२) शिंकाळ्यावर लावण्यासाठी– नेफ्रोलेपीस, ॲडीअँटम

३) जोपासण्यासाठी सोपे– सिरोमीयम, डावलिया, टेरीस क्रेटिका, नेफ्रोलेपिस, आसलेनियम निडस, पालीया रोटेंडी फोलिया.

काही महत्त्वाच्या फर्नची अधिक माहिती पुढे दिली आहे.

ॲस्पॅरगस फर्न

या फर्नची पाने हलकी, पिसासारखी असतात. तारेसारख्या देठावर लहान फांद्या असतात. उंच वाढणाऱ्या प्रकारातील फर्नना वळण देऊन त्यापासून नाजूक गोल खांबासारखा आकार देता येतो. खिडकी समोर पूर्वेला किंवा पश्चिमेला त्याना वळण देऊन त्यास 'झोपडी'चा सुंदर आकार देता येतो.

या जातीचे फर्न लोंबकळणाऱ्या शिंकाळ्यात लावता येते. या झाडाचे देठ १.२ सें.मी. लांबीपर्यंत वाढतात. त्यास वरचेवर द्रवरूप खत द्यावे.

या झाडास उबदार व अर्ध सूर्यप्रकाश मानवतो.

बर्ड नेस्ट फर्न

या झाडास चमकदार, हिरवीगार वर सरळ वाढणारी पाने असतात. त्यांच्या मुळाशी लहान पाने असतात. ती झाडाच्या अगदी आतील तंतूमय भागापासून हळूहळू उघडली जातात.

या झाडाची पाने मोठी असल्याने हे फर्न इतर झाडाबरोबर ठेवल्यास योग्य दिसत नाही. म्हणून ते स्वतंत्र ठेवावे किंवा मोठ्या पानांच्या झाडासोबत मांडावे.

यास उबदार हवामान व सावली लागते. याची पाने ज्याला फ्राँड म्हणतात ती ४५ सें.मी. पर्यंत लांब वाढू शकतात. यास मधून मधून द्रवरूप खत द्यावे.

तबकात खडे घालून त्यात पाणी घालावे आणि त्यात हे झाड ठेवावे. कारण यास सतत आर्द्रता लागते.

मेडन हेअर फर्न

याच्या काळसर, बारीक तारेसारख्या देठावर नाजूक फिक्कट हिरवी पाने लागतात. सुशोभित पानांच्या किंवा फुलांच्या घरशोभेच्या झाडासोबत हे फर्न ठेवता येते. हे झाड स्वतंत्र ठेवले तरी आकर्षक दिसते. काचहंडीत लहान झाडे लावता येतात.

हे फर्न ३० सें.मी. उंच व तितक्याच घेराचे वाढते. यास उबदार हवामान व सावली मानवते. त्यास महिन्यातून एकदा द्रवरूप खत द्यावे.

तबकात लहान खडे व पाणी भरून त्यात हे झाड ठेवावे. कारण यास आर्द्रतेची आवश्यकता असते.

बोस्टन फर्न

या भरदार व आकर्षक फर्नची पाने (फ्राँड) तरवारीसारखी असून ती वेगवेगळ्या आकारात असतात. काहींची पाने विभागलेली असतात. तर काही तुऱ्यांच्या आकारात येतात.

या झाडास उबदार हवामान व सावली मानवते. याची पाने ९० सें.मी. लांबीची असतात. काही वेळ त्यांची लांबी १.८ मीटरपर्यंत वाढू शकते. अर्थात काही जाती ६० सें.मी. पर्यंतच वाढतात. याना वरचेवर द्रवरूप खत द्यावे.

बटन फर्न

हे फर्न अगदी वेगळे दिसते. त्यास खालील बाजूस पसरणाऱ्या फांद्या असतात. त्यांची वाढ एखाद्या समांतर रेषेसारखी होते. फांद्यावरील पानेही इतर फर्नपेक्षा वेगळी असतात. त्यांचा आकार

बटनासारखा असून ती एका ओळीत फांदीच्या दोन्ही बाजूला असतात. या पानांच्या वजनामुळे फांद्या खाली वाकून त्याना एखाद्या कमानीसारखा आकार येतो.

निरनिराळ्या आकाराच्या पानांच्या घरशोभेच्या झाडात हे फर्न शोभून दिसते. तसेच बऱ्याच कुंड्यांच्या समुदायात हे फर्न कुंड्या झाकण्याचे काम करते. काचहंडीत लावण्यासही हे योग्य झाड आहे.

यास उबदार हवामान व सावली मानवते. झाडाची एकेक फांदी ३० सें.मी. लांबीपर्यंत वाढते.

स्टॅगहॉर्न फर्न

हे एक असामान्य फर्न आहे. या सर्व फर्नना दोन प्रकारचे फ्रॉंड असतात. एक मोठा व दुसरा छोटा. छोटा फ्रॉंड झाडाला आधार देतात. तर मोठे झाडाला खास शोभा देतात. हे फ्रॉंड गर्द हिरव्या रंगाचे असून त्यावर पांढरट छटा असते. हे फर्न उंच जागी ठेवल्यास त्याचा एक वेगळाच परिणाम होतो.

यास उबदार हवामान आणि सावली योग्य असते. याचे फ्रॉंड ९० सें.मी. पर्यंत वाढतात. यास मधून मधून द्रवरूप खत द्यावे. या फर्नवर वरचेवर पाणी फवारल्यास त्यास आवश्यक ती आर्द्रता मिळते.

हेअर फूट फर्न

हेअर फूट फर्न हे नाव या झाडाच्या कंदाच्या आकारावरून पडले आहे. या कंदापासून त्यांची पाने फुटतात. ती लांब असतात. कमानीसारखी वाकतात आणि प्रत्येकावर १० पर्यंत चंदेरी-निळी-हिरवी लहान पाने असतात. प्रत्येक पानाच्या कडा नागमोडी असतात. याचा रंग इतका आकर्षक असतो की ही झाडे फार आकर्षक दिसतात. मोठी झाडे स्वतंत्र लावावीत. लहान झाडे इतर फर्नबरोबर मिसळतात.

सावली व उबदार हवामान यास मानवते. याच्या फांद्या (फ्रॉंड) ६० सें. मी. लांबीपर्यंत वाढल्याने त्यांचा घेरही वाढतो.

या झाडांना चांगली आर्द्रता मिळावी म्हणून तबकात पाणी व छोटे दगड घालून त्यात ही झाडे ठेवावीत.

टेबल फर्न

जमिनीतील कंदापासून यास लांब आकाराची पाने फुटतात. ती नागमोडी आणि

गुच्छात असतात. प्रत्येक मुख्य पान हाताच्या पंजासारखे असून त्याची लहान पाने बोटासारखी दिसतात. ज्यावेळी इतर झाडांच्या कुंड्या झाकण्यासाठी म्हणून अनेक कुंड्यांच्या समूहात याच्या कुंड्या ठेवतात त्यावेळी इतर झाडाबरोबर ती मिसळून जातात. खिडकीजवळ ठेवण्यासाठी हे फर्न चांगले आहे.

या फर्नला सावली व उबदार हवामान लागते. या फर्नची उंची व घेर ३५ सें. मी. पर्यंत असतो. काही जातींची उंची ६० सें. मी. पर्यंतही वाढते.

२३ पाम

मोठ्या खोलीत किंवा बैठकीच्या खोलीत लावण्यासाठी पामची झाडे फार उपयुक्त असतात. कुंडीत किंवा भांड्यात लावलेले एक झाड जमिनीवर ठेवणे चांगले दिसते. पामला अर्ध सावली, ओलसर आणि उबदार हवामान मानवते. चांगला निचरा होणारी जमीन योग्य असते. मधून मधून द्रव खत दिल्यास पामची वाढ चांगली होते. झाडाची पाने वाळू नयेत म्हणून त्यावर वरचेवर पाणी मारावे किंवा पाण्याने झाडे पुसून घ्यावीत.

पामची झाडे व्हरांडा, जिना इत्यादी ठिकाणी किंवा बागेतील सावलीच्या ठिकाणी ठेवता येतात. पामवर फार थोडे रोग-किडी येतात. त्याना नियमित व भरपूर पाणी द्यावे. पाण्याच्या कमतरतेमुळे पामच्या झाडावर अनिष्ट परिणाम होतो आणि मग असे झाड सुधारणे अवघड होते.

या झाडांची लागवड त्याचे बी, कंद किंवा मुळ्याचे काही भाग यापासून करतात. बियापासून रोप तयार होण्यास बराच काळ लागतो. कॅरिओटा, चॅमेरॉप्स आणि व्हॅपीस यासारख्या काही पामनाच कंद असतात. पाम कुंडीत, भांड्यात चांगली वाढतात. त्यांच्या आकारापेक्षा लहान कुंडी असली तरी त्यांची वाढ चांगली होते. ज्यावेळी भांडे बदलायचे असेल त्यावेळी पामच्या जाड आणि मांसल मुळाना इजा पोहोचणार नाही याची काळजी घ्यावी.

एक भाग पानांचे खत, एक भाग चांगले कुजलेले शेणखत, १/४ भाग वाळू आणि २ भाग बागेतील माती हे पामसाठी चांगले कंपोस्ट आहे. एक चमचा हाडांचे खत घालणेही वाढीच्या दृष्टीने फायद्याचे असते. थोड्या प्रमाणात (१/२ चमचा) अमोनियम सल्फेट पामला दिल्यास त्याच्या पानाचा रंग चकाकतो. पावसाळ्यात एक महिन्याच्या अंतराने दोन वेळ द्यावे. झाडाची वाढ होत असताना त्यास द्रवरूप शेणखत पंधरवड्याच्या अंतराने द्यावे.

पामच्या बहुतेक प्रकारात त्याचा दांडा किंवा खोड सरळ, उंच, गोलाकार असतो. त्यास कॉडेक्स असे म्हणतात.

सुंदर पानांची झाडे म्हणून पाम झाडाला फार महत्त्व आहे. त्याची फुले फारशी सुंदर नसतात. अर्थात त्यास काही अपवादात्मक पामची झाडे आहेत. कारण सुपारी व नारळाच्या पानाना जो फुलांचा मोहोर येतो तो फार आकर्षक आणि सुवासिक असतो. कुंडीतील पामच्या झाडाना कधी मोहोर येत नाही. पंख्याप्रमाणे पाने असलेले आणि पक्षाच्या पंखाप्रमाणे (Feather Leaved) असे पाममध्ये दोन प्रकार आहेत.

सायकॅडस

पामसारखी दिसणारी कमी उंचीची सुंदर झाडे या गटात येतात. पामप्रमाणेच त्यांची जोपासना करावी लागते. ही घरसजावटीसाठी उत्कृष्ट झाडे असून त्यांची वाढ सावकाश होते. त्यांचे खोड फार कमी लांबीचे असून ते मजबूत, ओबडधोबड असते आणि त्यावर पानांच्या खुणा असतात. यांची उंची ३ ते ५ मीटर असते. यांची पाने लांब असून त्यांच्या दोन्ही बाजूला लहान लहान पाने असतात. ही पाने कोवळी असताना फिक्कट पिवळी असतात. परंतु जून झाल्यानंतर ती गर्द हिरवी व चकाकणारी होतात. ही पाने वर्तुळाकार, अर्धवर्तुळाकार आकारात वाढत असल्याने आणि ती बरेच दिवस चांगल्या परिस्थितीत रहात असल्याने पुष्परचनेसाठी त्यांचा वापर केला जातो. सायकॅडच्या शेंड्यावर सुंदर मुकुट (क्राऊन) असतो.

याचे रोप कंदापासून करतात. काही सायकॅड उन्हात वाढत असले तरी त्यास सावली मानवते.

काही महत्त्वाचे पाम

पक्षांच्या पंखाप्रमाणे पान असलेले पाम
(Feather Leaved palms)

केंटिया

हे कुंडीत लावण्यासाठी फार चांगले पाम आहे. हे दिसायला फार नाजूक असून १९ व्या शतकात ते फार लोकप्रिय होते. मोठ्या आकाराच्या खोलीत ते फार शोभून दिसते. याची पाने सरळ खोडावर कमानीसारखी वाकल्याने फार आकर्षक दिसतात.

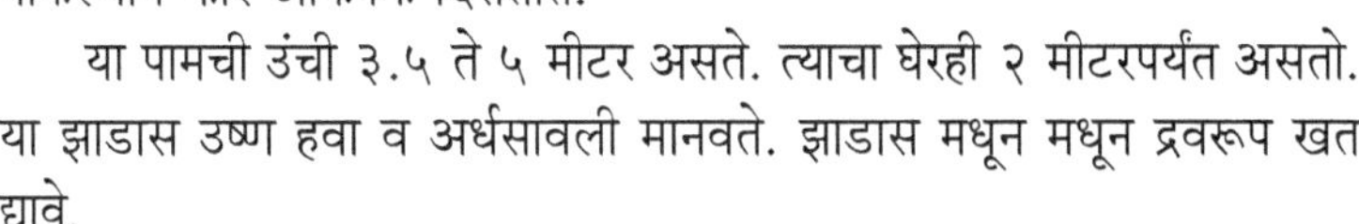

या पामची उंची ३.५ ते ५ मीटर असते. त्याचा घेरही २ मीटरपर्यंत असतो. या झाडास उष्ण हवा व अर्धसावली मानवते. झाडास मधून मधून द्रवरूप खत द्यावे.

याची पाने पाण्याने वरचेवर धुवावीत किंवा ओल्या स्पंजने पुसावीत.

बुटके नारळ पाम (Dwarf coconut palm) याची पाने चकचकीत असून त्याचे एका पानास दोन्ही बाजूस दोऱ्यासारखी अनेक लहान लहान पाने असतात.

पंखा सारखी याची पाने असली तरी त्याना स्पर्श केल्यास ती कठीण लागतात. या पामला खरे खोड नसते. याची मुख्य पाने बुडक्यापासूनच निघतात. मोठ्या पामप्रमाणे याची पाने वाकलेली नसतात. त्यामुळे टेबलावर किंवा कपाटावर ठेवण्यास ती उपयुक्त आहेत.

याची उंची ९० सें.मी. इतकी असते. त्यास मधून मधून द्रव खत द्यावे.

या पामला उष्ण हवामान व अर्ध सावली मानवते.

कॅरिओटा

या पामना 'फिशटेल पाम' म्हणतात. कारण या पामच्या पानांचा आकार माशाच्या शेपटी सारखा असतो. याची पाने शेवटास फार छानपणे कापलेली असतात. या झाडापासून ताडी मिळते. रस्त्याच्या कडेला किंवा मोठ्या मोकळ्या जागेत लावण्यासाठी योग्य असतात. या झाडास फुले येतात. ही फुले किंवा मोहोर खाली वाकलेला असतो. आणि तो फार आकर्षक दिसतो. याची उंची ७ मीटर असते.

फिनिक्स

हे खऱ्या अर्थाने पक्षाच्या पंखाप्रमाणे पाने असलेले आहे. त्याची पाने फार अरुंद असतात. काळसर आणि चकाकणारी असतात. डेटपामही याच वर्गात मोडते. याची फळे खाली वाकलेल्या पानावर असून ती फार सुंदर दिसतात. पुष्परचनेत त्यांचा उपयोग करतात.

या पानाच्या इतर काही जाती ६० ते ९० सें.मी. उंचीच्या आणि फार आकर्षक असतात.

पार्लर पाम

बऱ्याच वर्षानंतर या पामची उंची ९० सें.मी. आणि घेर ४५ सें.मी. पर्यंत जातो. याची मुख्य पाने (फ्रॉंडस) विभागून मधील खोडापासून निघतात. कमानीसारखी वाकतात. पाने कोवळी असताना त्यांचा रंग हिरवा असतो. ती जून झाल्यानंतर गर्द रंगाची होतात. पूर्ण वाढीच्या झाडास पिवळ्या मण्यासारखी लहान फुले लागतात.

यास उबदार हवामान व अर्ध सावली मानवते. हे पाम बाटलीत किंवा काचहंडीत वाढविता येते.

पंख्याच्या आकाराची पाने असलेले पाम (Fan Leaved Palms)

चॅमिरॉप्स

या पामची उंची २ ते ३.५ मीटर असते. हे मुळचे युरोपमधील पाम असल्याने त्यास युरोपियन फॅन पाम म्हणतात. त्यास पुष्कळ कोंब येतात. त्यास फुटवे फुटून त्यापासून अनेक झाडे तयार होतात. ते फार आकर्षक असते. याची पाने करडी-हिरवी असतात. खालपासूनच ती लहान लहान भागात विखुरली जातात.

लँटानिआ

याची उंची २ ते २.५ मीटर असते. हे खरे रंगीबेरंगी पाम आहे. याचा देठ लांब, मऊ आणि गर्द तांबडा असतो. तो नाजूक परंतु आकर्षक असतो. त्याची पाने कापल्यासारखी असतात. त्याच्या पानाच्या शिरा लाल रंगाच्या असून त्याचे भागात चॉकोलेट तांबड्या रंगाचे पट्टे असतात.

लिक्यूला

या पामची उंची २ ते २.५ मीटर असते. हे एक अति सुंदर पाम आहे. त्याचे देठ बारीक परंतु आकर्षक असतात. तसेच देठाच्या शेवटी असलेली पाने फार सुंदर मांडलेली असतात. पाने गोलाकार, साधारणपणे नागमोडी असतात. पानांच्या कडा कापल्यासारख्या दिसतात.

लिव्हिस्टोना चायनीनसिस

हे आकर्षक पाम असून त्याची उंची २ ते २.५ मीटर असते. याची बरीच पाने रेषाकृती भागात कापलेली दिसतात. पानांचे भाग फार नागमोडी असून त्यांचे मध्ये दोऱ्यासारख्या रेषा असतात. देठाचा खालील भाग काट्यांनी वेढलेला असतो.

लिव्हिस्टोना शेटूंडीफोलिआ

हे सर्वांच्या परिचयाचे पाम आहे. याची उंची १३ ते १५ मीटर असते. त्याचा आकार जवळ जवळ गोलाकार असून रंगविल्याप्रमाणे त्याची पाने गर्द हिरवी असतात. त्यामुळे ते फार आकर्षक दिसते. त्याची पाने मोठ्या प्रमाणात कातरल्यासारखी असतात.

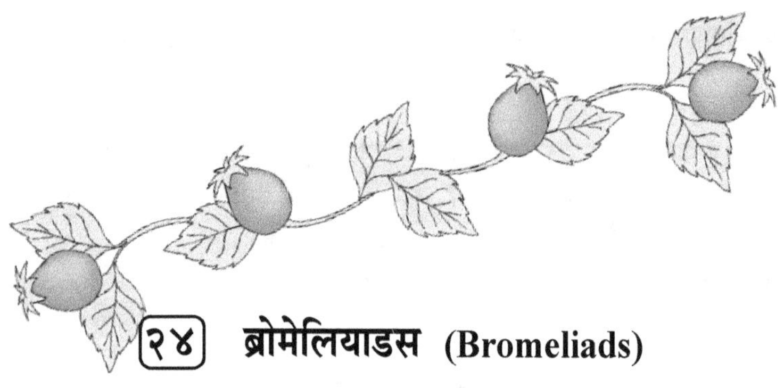

२४ ब्रोमेलियाडस (Bromeliads)

ब्रोमेलियाडस ही मुळची अमेरिकेतील झाडे आहेत. ती आकर्षक असून त्यापैकी बऱ्याच झाडांना रंगीत फुले येतात. ही झाडे कमी उंचीची पण विविध रंगी मांसल पानाच्या अननसाच्या वर्गातील आहेत. त्याना फुले यायला फार वेळ लागतो. परंतु त्यांची फुले दीर्घकाळ टिकतात. याची पाने निरनिराळ्या ठिकाणाहून फुटतात. ती विविध रंगी असतात. त्यांना कपासारखी खाच किंवा खोबण असते. ती पाण्याने भरून त्यात कापलेली फुले ठेवता येतात. त्यामुळे फार आकर्षकता येते.

ज्या कुंडीत किंवा भांड्यात ही झाडे लावायची ती पुढील मिश्रणाने भरावी. २ भाग माती, मोठी वाळू १ भाग, पानांचे खत १ भाग, शेवाळ १ भाग आणि थोडा कोळशाचा चुरा. लहान कुंडीत आणि अर्ध सावलीत व आर्द्रता असलेल्या हवामानात ती चांगली वाढतात.

या झाडावरील धूळ वाऱ्याने घालवा. ती ओल्या स्पंजने पुसू नयेत. कारण त्यामुळे त्याची चंदेरी चकाकी कमी होते. या झाडांना फार पाणी लागत नाही. काही महत्त्वाची ब्रोमेलियाडस पुढीलप्रमाणे आहेत.

ऊर्न झाड किंवा एक्झॉटीक ब्रश– या झाडाचा घेर बराच वाढतो. याची पाने लांबट असतात. ती शेंड्याला गोलाकार असतात. त्यांचा रंग फिक्कट करडा असतो. त्यावर हिरवे व चंदेरी करडे पट्टे असतात.

ए.फुल्जन्स– याची पाने लांब, गोलाकार व मऊ असतात. त्यांचा रंग हिरवा असून त्याला चंदेरी मोहोर येतो. त्याची फुले गर्द जांभळी व खालच्या बाजूस तांबडी असतात.

अर्थस्टार– याचा आकार स्टार माशासारखा असतो. त्याला अणकुचीदार अरूंद पाने असतात. पानांचा बफ रंग असतो. त्यावर तांबूस पट्टे असतात.

बिलबर्जिया नूटन्स– याची पाने फार पातळ, करवतीसारखे दाते असलेली, फिक्कट चंदेरी हिरव्या रंगाची असतात. त्याला फार आकर्षक गुलाबी-संगमवरी, निळी, पिवळी आणि हिरवी या रंगाची फुले येतात.

एन.ट्रायकलर– याची पाने अरूंद, ताठ, टोकदार, फिक्कट हिरवी आणि पिवळसर पट्ट्याची असतात. त्यांचा मध्यभाग गर्द तांबडा असतो.

पेंटेड फिंगरनेल प्लँट– याची पाने धातूसारखी असतात. त्यांचा रंग हिरवा असून त्यांच्या टोकाला रक्तासारखा लाल रंग असतो.

फ्लॅंड्रिआ– याची पाने समोरासमोर लागलेली किंवा पट्ट्याच्या आकाराची असतात. त्यांच्या कडा पिवळसर असून फुले येण्याच्या मध्यभागी लाल होतात.

झेब्रा प्लँट– याची पाने पट्ट्याच्या आकाराची, लांब असतात. त्यांचा रंग गर्द हिरवा असतो. त्यावर रूंद, तपकिरी रंगाचे आडवे पट्टे खालील बाजूस असतात.

याशिवाय ब्रोमेलियाडसमध्ये पुढील काही प्रकार आहेत,

(१) अर्न प्लँट (२) कोरल बेरी (३) फ्लेमिंग स्वोर्ड (४) क्वीन्स टिअर्स (५) ब्लू फ्लॉवर्ड टॉर्म.

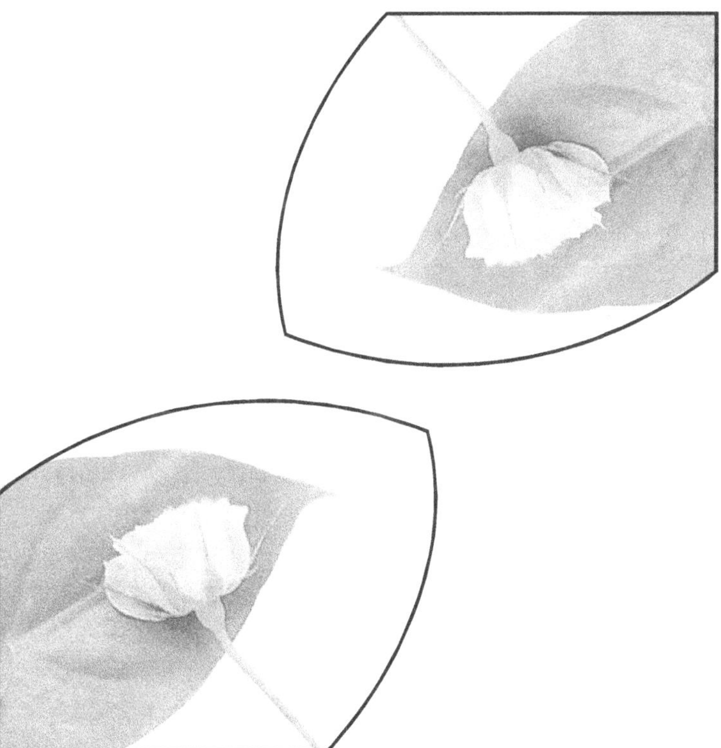

२५ कॅक्टस आणि सक्युलंटस

कॅक्टस आणि सक्युलंटस प्रकारातील झाडे आपणा सर्वांच्या माहितीची आहेत. लहान लहान कुंड्यांतील ही मांसल पानांची झाडे (सक्युलंटस) कोणालाही लावता येतात. ही झाडे लावून घरशोभेच्या झाडांची सुरुवात करावयास हरकत नाही. कारण या झाडांची फारशी काळजी घ्यावी लागत नाही. इतर कोणत्याही झाडापेक्षा सक्युलंटस लावणे व ती वाढविणे फारच सोपे आहे. घरातील लहान मुलांनाही अगदी खेळ म्हणून ही झाडे लावण्याचा छंद लावायला काही हरकत नाही. कारण ही झाडे जोपासण्याकडे दुर्लक्ष झाले तरी ती मरत नाहीत.

सक्युलंटसच्या मांसल पानात व खोडात पाणी साठविलेले असते. पानांचा व खोडांचा विविध आकार व विविध रंगाच्या जाती उपलब्ध आहेत. सक्युलंटसच्या अनेक जाती आहेत. त्यापैकी काहींना चुकून कॅक्टस म्हणूनही समजतात. सर्व प्रकारचे कॅक्टस सक्युलंटस असतात. परंतु सगळेच सक्युलंटस कॅक्टस नसतात. सर्व खऱ्या कॅक्टसवर काटे असतात. हे काटे बारीक केस किंवा लोकरीसारख्या पदार्थापासून वाढतात. त्यांना 'एरोल'(Areole) म्हणतात. असे एरोल इतर कोणत्याही वनस्पतीवर नसतात. आणखी एक महत्त्वाची गोष्ट म्हणजे कॅक्टसच्या फुलांना देठ किंवा दांडा नसतो. झाडापासूनच फुले निघतात.

या दोन्हींच्या झाडांची नावे, प्राणी, पक्षी यांची आहेत. कारण त्यांच्याशी या झाडांचे साम्य आहे. उदा. 'स्नेक', 'लिझार्डिस क्रॅब', 'काऊज टंग', 'इलेफंटस इअर', 'रॅबीटस इअर', 'रॅटस टेल', 'पीनट', 'मश्रूम', 'स्वीट पोटॅटो', इ.

जमीन-खते— कॅक्टस आणि इतर सक्युलंटस यांना हलकी आणि चांगली निचरा होणारी जमीन मानवते. कॅक्टसपेक्षा सक्युलंटना अधिक सुपीक जमीन आवश्यक असते. एक भाग पोयटा माती, अर्धा भाग जाड वाळू, अर्धा भाग लाकडाची राख, किंवा कोळशाची भुकटी आणि एक भाग पानांचे चांगले कुजलेले खत यांचे मिश्रण यांचे लागवडीसाठी वापरावे. ज्या सक्युलंटसना अधिक खताची आवश्यकता असते त्यांचेसाठी या मिश्रणात अर्धा भाग चांगल्या कुजलेल्या सेंद्रिय

खताचा वापर करावा. परंतु हे शेणखत किंवा पानांचे खत चांगले कुजलेले असावे. तसे नसेल तर झाडे कुजण्याची शक्यता असते. कॅक्टसची झाडे फार लवकर कुजतात. तसेच वाळू जाड असल्याशिवाय मातीचा सच्छिद्रपणा वाढणार नाही.

अभिवृद्धी– व्यापारी तत्त्वावर लावायची कॅक्टसची रोपे बियापासून करतात. परंतु अशा पद्धतीने केलेली रोपे फार सावकाश वाढतात. त्यामुळे योग्य झाडे तयार होण्यासाठी अनेक वर्षे घालवावी लागतात.

सक्युलंटसचे कटिंग किंवा तुकडे वापरून त्याची रोपे करतात. त्यांच्या तळाशी (Divison) किंवा बाजूला किंवा शेंड्यावर 'बेबी' तयार होतात. ती काढून त्यांचा कटिंग म्हणून वापर होतो.

काही कॅक्टस सरळ गोलाकार वाढतात. प्रत्येक वर्षाची खूण म्हणून त्यांच्या गोलाकार भागावर बांगडीसारख्या आकाराचा खोलगट भाग तयार होतो. दोन वर्षाच्या वाढीच्या ठिकाणी फार अरुंद भाग होतो. या ठिकाणचे कटिंग घ्यावे. काही कॅक्टसच्या खोडाचे कटिंग घेऊन त्यापासून रोप करतात. (उदा. झायगोकॅक्टस) तर सेडम, कलांचो यासारख्या कॅक्टसचे पानांचे कटिंग घेऊन रोप करतात. त्यांच्या खोडाच्या कटिंगपासून आणि कोंबापासूनही रोपे होतात.

काही कॅक्टस आणि सक्युलंटसची कटिंग काढल्यानंतर (उदा.युफोरबिया) काही दिवस ती कोरड्या हवेत व सावलीत ठेवावीत. नंतर ती लावावीत. अरूंद किंवा लहान कटिंग अशाप्रकारे सावलीत थोडे दिवस ठेवावीत. तर रूंद व काटेरी कटिंग अधिक दिवस ठेवावीत. तसेच थंडी व पावसाच्या काळात अधिक दिवस आणि उन्हाळा व कोरड्या हंगामात कमी दिवस लागतात. सर्वसाधारणपणे पानांची कटिंग १ ते २ दिवसांनी आणि काटेरी कटिंग ३ ते ७ दिवस ठेवून मग लावावीत.

उन्हाळ्यात ही कटिंग एक भाग वाळू आणि एक भाग पालापाचोळ्याच्या खतात ठेवावीत. तर पावसाळ्यात २-३ भाग वाळू आणि एक भाग पालापाचोळ्याचे खत यांच्या मिश्रणात ठेवावे. कटिंगला मुळ्या फुटेपर्यंत हे मिश्रण ओले ठेवावे. परंतु अधिक ओलीत ठेवू नये. त्यामुळे कटिंग कुजण्याची शक्यता असते. मुळ्या फुटताना त्याच्या मिश्रणाची व पाण्याची फार काळजी घ्यावी.

कलम करणे– कॅक्टसची रोपे कलम करून करण्याची पद्धत दिवसेंदिवस वाढते आहे. या पद्धतीत ज्याच्यावर कलम बांधायचे तो भाग वेगळ्या झाडाचा असतो. त्याला रूट स्टॉक किंवा खुंट झाड म्हणतात. त्याच्या प्रतीवर आणि ज्याचे कलम केले आहे त्याच्यावर या कलमाचे यश अवलंबून असते. ज्या कॅक्टसची रोपे कटिंग किंवा बियापासून करता येत नाहीत, त्यांची रोपे कलम पद्धतीनेच करावी लागतात. कॅक्टसचे कलम केव्हाही करता येते. परंतु १-२ वर्षाचे कॅक्टस असल्यास त्यापासून चांगले कलम होते.

पाणी देणे— सक्युलंटसच्या झाडात पाणी साठविले जात असल्याने त्यांना बरेच दिवस पाणी दिले नाही तरी चालते. परंतु त्यांना मधून मधून भरपूर पाणी द्यावे लागते. इतर झाडाप्रमाणेच त्यांच्या विश्रांतीच्या काळात त्यांना कमी पाणी द्यावे. तसेच जरूरीपेक्षा अधिक पाणी दिल्यास ही झाडे कुजतात. काही झाडे कुजत नसली तरी त्यांच्या पानांची वाढ फार होते आणि त्यांना फुले येत नाहीत.

कॅक्टस (निवडुंग)

घरशोभेच्या झाडात कॅक्टसना फार महत्त्वाचे स्थान आहे. उष्ण व कोरड्या वातावरणात कमीत कमी निगेत कॅक्टस घरसजावट करतात. घरसजावटीची झाडे लावण्यास कॅक्टस व सक्युलंटस यापासून सुरूवात करावी. कारण ही झाडे फारशी काळजी घेतली नाही तरी जगतात, वाढतात. त्यामुळे नवीन माणूस निराश होत नाही. या झाडांना जगण्यासाठी वाळू, कोरडे हवामान व वर्षभर तापमान असले म्हणजे पुरेसे होते.

कॅक्टसची बहुतेक झाडे काटेरी असतात. त्यांचा उपयोग डिशगार्डनसाठी चांगला होतो.

कॅक्टसच्या अनेक जातींना फुले येतात. ही फुले फार थोडा काळ टिकत असली तरी ती फार सुंदर व आकर्षक असतात. काहींची रात्री फुले येतात आणि पहाटे ती कोमेजतात. तर काही दिवसा फुलतात. काहींची फुले फार लहान असतात, तर काहींची फुले त्या झाडापेक्षाही मोठी असतात. फार थोडी फुले सुगंधित असतात. परंतु बऱ्याच फुलांना चांगला वास नसतो.

कॅक्टसचे कितीतरी प्रकार व जाती आहेत. त्यामुळे त्या सर्वांची माहिती देणे अवघड आहे. तथापि कॅक्टसचे दोन प्रकार आहेत.

(१) डेझर्ट कॅक्टस (२) फॉरिस्ट कॅक्टस.

(**१**) **डेझर्ट**— हे कॅक्टस वाळवंटी प्रदेशातून, उन्हाळी तापमानातून आले आहेत. ते वाळवंटी भागातून आले असले तरी ते फक्त वाळूत जगत नाहीत. या प्रकारात शेकडो जाती उपलब्ध आहेत. त्यांची रोपे कटिंगपासून करता येतात. फार थोड्या पाण्यावर हे जगतात. मात्र त्यांना भरपूर सूर्यप्रकाश मानवतो.

(**२**) **फॉरिस्ट कॅक्टस**— या प्रकारातील कॅक्टस अमेरिकेतील उष्ण कटिबंधीय जंगलात मिळतात. ती तेथील झाडावर जगतात. परंतु ती परोपजीवी नसतात. या जातीतील बहुतेक खोडे रांगणारी असतात. डेझर्ट कॅक्टसपेक्षा यांना थोडे अधिक पाणी द्यावे लागते. तसे फार तापमान वाढल्यास ते सावलीत ठेवावे लागतात.

घरात कॅक्टस लावण्यासाठी उभट कुंडी निवडावी. या कुंडीला पाण्याच्या निचऱ्यासाठी तळाशी छिद्रे ठेवण्याची जरूरी नसते. कुंडीत विटा-खापरांचे तुकडे, कोळसा, वाळू व थोडी माती यांचे मिश्रण भरावे. कुंडीत कॅक्टस लावण्यापूर्वी त्यात पाणी ओतावे. त्या पाण्याचा निचरा झाल्यानंतर त्यात कॅक्टस लावावे. कटिंगना मुळ्या फुटेपर्यंत फार जपून पाणी वापरावे. कॅक्टसच्या काही प्रकारांना अजिबात पाणी घालू नये.

काही महत्त्वाच्या कॅक्टसची माहिती पुढे दिली आहे.

ऑस्ट्रोफायटम, बिशप्स कॅप

हे गोलाकार कॅक्टस असून ते रूंद भागात विभागलेले असते. याचा प्रत्येक भाग काट्याऐवजी चंदेरी पिठाने झाकलेला असतो. त्याच्या शेंड्यापासून उन्हाळ्यात गडद पिवळी फुले येतात. ती डेसीच्या फुलाप्रमाणे दिसतात.

या कॅक्टसला थंड हवामान व प्रकाश मानवतो. याची वाढ फार सावकाश होते. त्याची उंची जास्तीत जास्त २५ सें.मी आणि घेर १२ सें.मी होतो.

हिवाळ्यात व झाडाच्या विश्रांतीच्या काळात फार कमी पाणी द्यावे. ऑस्ट्रोफायटममध्ये कॅप्रीकार्न (गोटस हॉर्न कॅक्टस) येते.

ओल्डमॅन कॅक्टस (सिफॅलोसिरस सेनिलिस)

याचे खोड गोलाकार असते. ते लांब, नाजूक पांढऱ्या केसांनी झाकलेले असते. त्याखाली त्याचे अणकुचीदार काटे असतात. त्याच्या पांढऱ्या केसामुळेच त्याला ओल्डमॅन कॅक्टस हे नाव मिळाले आहे.

याची उंची जास्तीत जास्त २५ ते ३० सें.मी असते. यास साधारण थंड हवामान व सूर्यप्रकाश मानवतो.

हिवाळ्यात व विश्रांतीच्या काळात यास कमी पाणी द्यावे. याचे लांब केस पाण्याने धुवून स्वच्छ ठेवावेत.

रॅटस टेल (उंदराची शेपूट)

या कॅक्टसचे देठ अरूंद, मांसल व बरेच लांब असतात. त्यावर बारीक काटे बरेच असतात. यास सुंदर किरमिजी, गुलाबी फुले येतात. याची फुले बरेच दिवस टिकतात आणि फुलांचा हंगाम दोन महिनेपर्यंत टिकतो.

लोंबकळणाऱ्या कुंड्यात ठेवण्यासाठी ही झाडे फार चांगली आहेत. मात्र या झाडांना ब्रश करू नये.

हे कॅक्टस फार झपाट्याने वाढते आणि त्यांच्या देठांची लांबी ९० सें.मी पर्यंत जाते.

या झाडास भरपूर सूर्यप्रकाश मानवतो. फुले येऊन गेल्यानंतर यास कमी पाणी द्यावे.

गोल्डन बॅरल (इचिनो कॅक्टस)

याचा आकार बॅरल सारखा असतो आणि सोनेरी (गोल्डन) काटे सभोवती असतात. म्हणूनच त्याला गोल्डन बॅरल कॅक्टस म्हणतात. याच्या टोकावर तांबडी व पिवळी फुले येतात.

हे झाड ८ ते १० सें.मी पर्यंत फार जलद वाढते. परंतु त्यानंतर मात्र त्याची वाढ फार सावकाश होते. अर्थात काही वर्षानंतर त्यांचा व्यास २० सें.मी इतका मोठा होतो.

या कॅक्टसला हिवाळ्यात पाणी देऊ नये. कारण पाणी दिल्यास झाड कुजण्याची शक्यता असते. इतर वेळाही फार काळजीपूर्वक पाणी द्यावे.

एकिनोसेरेस

हे एक आकर्षक कॅक्टस आहे. त्याची उंची २० सें.मी असते. हे उभे कॅक्टस असते. त्यावर पांढरे कुरळे केस येतात. तसेच झाडाच्या आकारापेक्षा मोठ्या आकाराची गुलाबी किंवा जांभळ्या रंगाची फुले त्यास येतात.

फिशहूक कॅक्टस (फेरोकॅक्टस)

या कॅक्टसचे हुकाप्रमाणे असणारे लांब आणि भयंकर वाटणारे काटे उठून दिसतात. हे काटे समुहात येतात. या काट्यासाठीच हे प्रसिद्ध आहे. प्रत्येक भागातील एकत्रित असलेले काटे वेगवेगळ्या आकाराचे, मापाचे आणि रंगाचे असतात.

पूर्ण वाढ झालेल्या कॅक्टसला जांभळ्या रंगाची फुले येतात. हे झाड स्वतंत्रपणे ठेवले तरी चांगले दिसते, किंवा कॅक्टसच्या बागेत याच्यापेक्षा वेगळ्या आकाराच्या कॅक्टसजवळ ठेवावे.

इतर कॅक्टसप्रमाणे याला सूर्यप्रकाश आवश्यक असतो. याची उंची ३० सें.मी आणि घेर २० सें.मी पर्यंत होतो.

हिवाळ्यात व झाडाच्या विश्रांतीच्या काळात यास पाणी देऊ नये. अन्यथा ते कुजते.

जिम्नोकॅलशियम (रूब्रा, रेडकॅप)

हे आकाराने लहान कॅक्टस आहे. हे गोलाकार आकाराचे, लाल रंगाचे असते. याची चांगली वाढ होण्यासाठी त्याचे कलम करतात. याच्यात पिवळ्या व गुलाबी रंगाच्याही जाती आहेत. यास त्याच्या रंगावरून रेडकॅप असेही म्हणतात.

ओल्ड लेडी कॅक्टस

हे आकाराने लहान कॅक्टस असते. तसेच ते गोल किंवा लंबवर्तुळाकार आकाराचे असते. याला ओल्ड लेडी कॅक्टस या नावाने ओळखतात. कारण या कॅक्टसच्या सर्व बाजूनी पांढरे, रेशमी केसांचे आवरण असते. त्यामुळे त्याचा करड्या-हिरव्या रंगाचा मूळभाग आणि त्यावरील अणकुचीदार काटे झाकले जातात.

हे कॅक्टस ज्यावेळी सुमारे ४ वर्षांचे होते, त्या वेळी त्यावर साधारणपणे मे महिन्यात किरमिजी रंगाची फुले येतात. या प्रकारची झाडे एकत्रित ठेवल्यास फार शोभा येते.

हे १० सें.मी उंच आणि ७ सें.मी घेरापर्यंत वाढते.

इतर बऱ्याच कॅक्टसप्रमाणे यालाही विश्रांतीच्या वेळेत व हिवाळ्यात फार कमी पाणी द्यावे.

गोल्डन पिनकुशन (मॅमिलेरिया ऱ्होडंथा)

हे एक फार आकर्षक आणि मन मोहित करणारे कॅक्टस आहे. या गोलाकार कॅक्टसचे मूळ अंग गर्द हिरव्या रंगाचे असते. परंतु त्या संपूर्ण भागावर लहान लहान गाठी असतात आणि त्यातून पिवळसर-नारिंगी रंगाचे लांब काटे उगवलेले असतात. हे काटेही झाडाच्या सर्व भागावर गोलाकार पद्धतीने उगवतात.

या कॅक्टसची उंची १० सें.मी आणि घेर ७ सें.मी असतो. नेहमीप्रमाणे हिवाळ्यात व विश्रांती काळात कमी पाणी द्यावे.

रॅबीटस इअर

याच्या सर्वसामान्य नावाप्रमाणे (सशाचे कान) हे कॅक्टस सशाच्या कानाप्रमाणे दिसते. कारण यातील निरनिराळे भाग सशाच्या कानाच्या आकाराचे किंवा गोल आकाराचे असून ते

एकमेकावर वाढलेले असतात. या सर्व भागावर पिवळसर रंगाचे छोटे छोटे काटे असतात. यावर कधीतरी पिवळ्या रंगाची फुले येतात.

९० सें.मी उंचीपर्यंत आणि ६० सें.मी घेरापर्यंत हे वाढतात.

या झाडास फार काळजीपूर्वक हात लावावा. कारण त्याचे लहान काटे हाताला लागल्यास फार त्रास होतो.

रेड क्राऊन (रेबुटिया मिनीस्कूल)

हे लहान आकाराचे कॅक्टस आहे. त्याचा आकार गोल असून त्याच्या सर्व बाजूस पांढऱ्या रंगाचे काटे असतात. तसेच त्याच्या बाजूला अनेक कोंब आलेले असतात.

ज्या वेळी हे कॅक्टस लहान वयाचे असते त्या वेळी त्यास लाल रंगाची, नरसाळ्याच्या आकाराची फुले येतात. ही फुले सकाळी उमलतात आणि संध्याकाळी मावळतात.

याची वाढ फार झपाट्याने होते आणि एक-दोन वर्षात त्याची रूंदी १५ सें.मी पर्यंत वाढते.

याला सूर्यप्रकाश मानवतो.

हिवाळ्यात व झाडाच्या विश्रांतीच्या काळात पाणी देऊ नये.

ख्रिसमस कॅक्टस

हे कॅक्टस कमी उंचीचे, सरळ, पातळ जोडांचे असते. त्याचे देठ, फांदी अशा तऱ्हेने वाकतात की त्याचा आकार छत्रीसारखा होतो. याला भरपूर फुले येतात. ही फुले मॅग्नेटा रेड रंगाची खाली वाकलेली असतात. ते दृश्य फार मनमोहक असते. ही फुले ख्रिसमसच्या वेळी येत असल्याने त्यास ख्रिसमस कॅक्टस किंवा 'थँक्स-गिव्हिंग कॅक्टस" म्हणतात.

इस्टर कॅक्टस

ऱ्हिप्सालिडॉपासिस किंवा इस्टर कॅक्टस हे इस्टरच्या वेळी फुलते. म्हणून त्याला इस्टर कॅक्टस हे नाव दिले आहे, याचे आकर्षक देठ खाली वाकलेले असतात. त्याच्या टोकावर स्टारप्रमाणे किरमिजी रंगाची सुंदर फुले येतात.

□

२६ सक्युलंटस

सक्युलंटसच्या मांसल पानात व खोडात पाणी साठविलेले असते. पानांचा व खोडांचा निरनिराळ्या आकाराचा रंग असलेल्या अनेक जाती उपलब्ध आहेत. काही जातींच्या शेंड्याजवळ गुच्छ तयार होतो. ही झाडे जून झाली की खोड उघडे पडून शेंड्याजवळ मांसल पानांचा झुपका तयार होतो.

सक्युलंटचे अनेक प्रकार व आकार आस्तित्त्वात असले तरी त्यांची गरज जवळ जवळ सारखीच असते. कोरड्या दुष्काळी भूक्षेत्रावर त्यांच्या उत्पत्ती झाल्याने त्यांना पाणी न धरून ठेवणारी माती, भरपूर सूर्यप्रकाश, हवा यांची आवश्यकता असते. हिवाळ्यात या झाडांची विश्रांती सुरू होऊन त्यांची वाढ थांबते.

सक्युलंटसना चांगल्या सूर्यप्रकाशाची आवश्यकता असते. त्यासाठी बैठकीच्या खोलीच्या खिडक्यावर यांच्या कुंड्या मांडून ठेवाव्यात. उन्हाळ्यात प्रखर सूर्यप्रकाश असतो. त्यात ही झाडे ठेवू नयेत.

सक्युलंटस झाडांचे प्रमुख प्रकार पुढीलप्रमाणे आहेत.

(१) एओनियम (Aeonium)   (२) आलू (Aloe)

(३) घायपात (Agave)   (४) क्रॅसूला (Crasula)

(५) इचेव्हेरिया (Echeveria)   (६) हॉर्थीया (Haworthia)

(७) सेडम (Sedum)   (८) सेंपर व्हायव्हम (Sempervivum)

(९) ब्रायोफायलम (Bryophylum) (१०) फॉकेरिया (Faucaria)

(११) युफोर्बिया (Euphorbia)   (१२) कॉटिलेडॉन (Cotyledon)

(१३) सेनेसिओ (Senecio)   (१४) गेस्टेरिया (Gusteria)

(१५) लिथॉप्स (Lithophs)   (१६) क्लीनिया (Kleinia)

(१७) कॅलँचू (Kalanchoe)   (१८) ग्रॅप्टोपेटालम (Graphtopetalum)

(१९) पॅची फायटम (Pachy Phytum)

सक्युलंटसच्या अनेक जाती आहेत. अनेक प्रकार आहेत. त्या सर्वांची माहिती देणे अवघड आहे. म्हणूनच काही महत्त्वाच्या सक्युलंटसची माहिती येथे दिली आहे.

अगेव (घायपात)

घायपात आपणा सर्वांच्या परिचयाचा आहे. पण तो सक्युलंट जातीत मोडतो हे फार थोड्यांना माहित असेल.

यांच्या पानांचा आकार त्रिमिती म्हणजे त्रिकोणी असतो. ही पाने मांसल असून गर्द हिरवी असतात. त्याच्या कडा पांढऱ्या असतात. त्यांच्या टोकाला अणकुचीदार काळा काटा असतो.

याच्यातील क्वीन अगेव ही जात फार आकर्षक आहे. या जातीची झाडे अशी ठेवावीत की ती वरून दिसावीत. त्यामुळे ती अधिक आकर्षक दिसतात.

ही झाडे सावकाश वाढतात. त्यांची उंची २० सें.मी आणि घेर ४५ सें.मी होतो.

घायपात प्रकारातील आणखी मांसल झाडे पुढीलप्रमाणे आहेत.

(१) अगेव फिलीफेश   (२) अगेव व्हिक्टोरिया रेजीनी

(३) अगेव अमेरिकाना   (४) अगेव अमेरिकाना मेडीओपिक्टा

या झाडांना फारसे पाणी लागत नाही.

आलू (Aloe) (आर्टिस्टा)

या गटातील सक्युलंट्सना दांडे किंवा खोड नसते. त्यांना मांसल पाने असतात आणि ती समोरासमोर अगदी दाटीवाटीने आलेली असतात. याची पाने त्रिकोणी असून ती गर्द हिरव्या रंगाची असतात. त्यावर उंचवटा असतो. पांढरे डाग असतात.

यांच्या मध्यातून एक लांब देठ येतो आणि त्यावर लहान आकाराची नारिंगी-तांबड्या रंगाची फुले येतात. ही फुले बहुतेक उन्हाळ्यात येऊन फार थोडे दिवस टिकतात. झाड जून झाल्यानंतर त्याच्या तळापासून फुटवे फुटतात. हे झाडही वरून पाहता येईल अशा प्रकारे ठेवावे.

आलू आर्टिस्टा सक्युलंटची उंची १५ सें.मी असते. या झाडाला उष्ण हवामान व चांगला सूर्य प्रकाश मानवतो.

आलू प्रकारात पुढील आणखी प्रकार आहेत.

(१) आलू आर्टिस्टा   (२) आलू ट्यूमीलीस

(३) आलू व्हेरेगीटा   (४) आलू आर्बोरिन्स ट्री आलू

क्रॅसूला- (चायनीज जेड)

या सक्युलंट्सची पाने गोलाकार आणि मांसल असतात. ती करड्या रंगाची

असून त्यांच्या कडा तांबड्या असतात. ही पाने जाड लाकडासारख्या फांद्याला लागतात. झाड जून झाल्यावर या सर्व फांद्या सारख्या आकाराच्या होतात.

यातील लहान झाडे डिश गार्डनसाठी वापरतात. यांना थोडी थंड हवा आणि भरपूर सूर्यप्रकाश मानवतो.

यांची उंची १.२ मीटरपर्यंत जाऊ शकते.

या जातीत खालील प्रकार आहेत.

(१) क्रेसूला परफोरेटा   (२) क्रेसूला लायकोमोडीओडीस

(३) क्रेसूला फलकेटा   (४) क्रेसूला अर्जेंटिना

(५) क्रेसूला अर्बोरिसन्स

इचेव्हेरिया ऑगेव्हाईडस

याला मोल्डेड वॅक्स प्लँट असेही म्हणतात. या सक्युलंटला त्रिकोणी मांसल पाने असतात. त्यांचा रंग फिक्कट हिरवा असून त्यांची टोके तपकिरी रंगाची असतात. यास पिवळ्या रंगाची फुले येतात. त्याच्या टोकावर तांबडा रंग असतो.

ही झाडे कमी उंचीच्या टेबलावर ठेवावीत म्हणजे ती वरून पाहता येतील आणि त्यामुळे ती आकर्षक दिसतील.

या झाडाची उंची कमी म्हणजे सुमारे ७ सें.मी असते. परंतु त्याचा घेर १५ सें.मी असतो.

या जातीत पुढील प्रकार असतात.

(१) इचेव्हेरिया हार्मसी   (२) इचेव्हेरिया सेटोसा

(३) इचेव्हेरिया डेरेनबर्जी   (४) इचेव्हिरिया जिबीफ्लोरा मेटालिका

(५) इचेव्हेरिया ग्लका

गॉस्टेरिया

याच्याही बऱ्याच जाती आहेत. त्यापैकी गे. लिलीऐसी या जातीची पाने समोरासमोर असतात. त्यांना हिरवट रंगाची व शेंड्यावर गुलाबी किंवा तांबडा रंग असलेली फुले येतात.

गे. ऑसिनासीफोलियाच्या पानावर पांढरे ठिपके असतात. त्यांची फुले तांबूस असतात. या जातीत याशिवाय पुढील प्रकार आहेत.

(१) गे. व्हेरीकोसा   (२) गे. ब्रेव्हिफोलिआ

(३) गे. हायब्रिडा   (४) गे. इयिनास हॉर्ट

हॉर्थीया

याचे झाड लहान असून त्याला समोरासमोर पाने असतात. याची फुले लांब, बारीक दांड्यावर येतात. ती पांढऱ्या व गुलाबी रंगाची असतात.

या जातीत खालील प्रकार आहेत.

(१) हॉर्थीया रेनवरार्टी (वार्ट प्लँट) (२) हॉर्थीया टॅसेलेटा (स्टार विंडा प्लँट)

(३) हॉर्थीया मार्गारिटी फेरा (पर्ल प्लँट) (४) हॉर्थीयाफॅसीएटा (झेब्रा हॉर्थीया)

कॅलॅन्चू (टॉमथम)

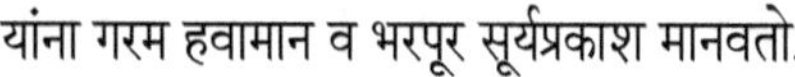

या सक्युलंटसना फार आकर्षक फुले येतात. ही लहान लहान फुले गुच्छात येऊन लांब दांड्यावर लागतात. प्रत्येक दांड्यावरील फुलांच्या गुच्छात २० ते ५० फुले असतात. या फुलांचा रंग गुलाबी, तांबडा, नारिंगी आणि पिवळा असतो. याची मांसल पाने गर्द हिरवी असतात. काही वेळा त्यांच्या कडा तांबड्या असतात.

यांना गरम हवामान व भरपूर सूर्यप्रकाश मानवतो.

याची उंची ३५ सें.मी असते. यापेक्षा कमी उंचीची झाडेही आहेत.

या झाडांची फुले फिक्कट झाल्यानंतर ती काढून टाकल्यास झाडाची शोभा टिकून राहते.

याचे पुढील प्रकार आहेत.

(१) कॅलॅन्चू बटरेन्सीस (व्हेलवेटलीफ) (२) कॅलेन्सू टोमेन्टोसा (पांडा प्लँट)

लिथॉप्स

'लिव्हिंग स्टोन' असेही नाव या सक्युलंटसना आहे. कारण या झाडांचा रंग व आकार दगडासारखा असतो. यांच्या दोन पानांची विभागणी शेंड्याजवळ होते. हे झाड सपाट भागत चांगले येत नाही.

याच्या आणखी काही जाती पुढीलप्रमाणे आहेत.

(१) लिथॉप्स फुकेरी   (२) लिथॉप्स सुडोट्रंकेटेका

(३) लिथॉप्स सॅलीकोला (४) लिथॉप्स बेला.

सेडम

हे एक फार आकर्षक सक्युलंट असून त्याचे देठ खाली पसरणारे असतात. त्या देठावर अगदी घट्टपणे लहान पण जाड मांसल पाने असतात. प्रत्येक पान फिक्कट हिरवे असते.

या झाडावर गुलाबी फुले काहीवेळा येतात. परंतु घरात ठेवलेल्या झाडावर अशी फुले येत नाहीत. लोंबकळणाऱ्या टोपल्यासाठी हे एक फार चांगले झाड आहे. अशा टोपलीत ते फार चांगले दिसते. ज्या ठिकाणी या झाडाच्या पानांना धक्का लागणार नाही अशा ठिकाणी ती ठेवावीत. कारण या पानांना थोडा जरी धक्का लागला तरी ती गळतात आणि झाडाची शोभा कमी होते.

या झाडाची लांबी १ मीटरपर्यंत जाते.

यास उबदार हवामान व भरपूर सूर्यप्रकाश मानवतो.

याच्या काही पुढील जातीही आहेत.

(१) सेडम ऑडॉस्की (२) सेडम पॅत्रीफशयूलम

(३) रूब्रोटिंक्टम (४) सेडम मोरगानियॅम

(५) सेडम सीवोल्डी मेडीओ व्हेरेगेटम

बोन्साय

बोन्साय म्हणजे बुटकी झाडे. सध्या ही झाडे अनेकांच्या आवडीची झाली आहेत. बोन्साय ही एक जिवंत कला आहे. बोन्सायची झाडे काही काळासाठी तरी घरात ठेवता येतात. त्यामुळे घरशोभेत भर पडते. म्हणून व घरशोभेच्या झाडात बोन्सायचा उल्लेख केल्याशिवाय हे पुस्तक पूर्ण होणार नाही.

बोन्सायची झाडे करण्याची सविस्तर माहिती 'बोन्साय' या माझ्या पुस्तकात दिल्याने येथे ती माहिती दिलेली नाही. एका स्वतंत्र पुस्तकाचा तो विषय असल्याने त्यावरील पुस्तक वाचणेच योग्य ठरेल.

'बोन्साय' - ले. डॉ. आ. बा. पाटील, प्रकाशक - मेहता पब्लिशिंग हाऊस, पुणे-४११०३०.

२७ रोगकिडीपासून संरक्षण

घरशोभेच्या झाडावर फार मोठ्या प्रमाणात रोग किडी येतात असे नाही. परंतु फार थोड्या प्रमाणात त्यांना याचा त्रास होतो. अशा परिस्थितीत त्यांचेवर ताबडतोब उपाय योजून त्यांचे नियंत्रण करणे आवश्यक आहे.

रोग

घरशोभेच्या झाडांवर फारसे रोग येत नाहीत. सर्व साधारणपणे येणारे रोग खोड कुजवा आणि कॅक्टस व सक्युलंटसमधील मूळ कुजवा हे आहेत. हे रोग मातीतील बुरशीमुळे होतात. पानांचा करपा रोगही असतो. त्यामुळे पानावर ठिपके दिसतात. हा रोग बुरशी, बॅक्टेरिया किंवा व्हायरसमुळे होतो. भुरी रोगही अनेकदा आढळतो. त्यामुळे खोडावर पानावर राखेसारखी भुकटी आढळते. या रोगाचा प्रसार हवेतून होतो.

खोडकुजवा रोग आल्यास रोगग्रस्त भाग काढून टाकावा आणि त्यावर गंधक भुकटी फवारावी. मूळकुजवा रोगासाठी मातीचे निर्जंतुकीकरण करावे. त्यासाठी ओलसर माती तव्यात ८२° सें. तपमानापर्यंत ३० मिनिटे तापवावी किंवा मातीत फॉर्मेलीन अगर अल्ड्रीनची प्रक्रिया करावी.

पानांच्या करपा रोगात पानावर पिवळे व तपकिरी रंगाचे ठिपके दिसतात. अशी पाने काढून जाळून टाकावीत. या रोगाच्या नियंत्रणासाठी बोर्डो मिश्रण किंवा डायथेम एम-४५ फवारावे. भुरी रोगाच्या नियंत्रणासाठी गंधक, बाविस्टीन किंवा कराथेन यांची भुकटी झाडावर धुरळावी.

कीड

घरातील झाडावर काही किडीही हल्ला करतात. त्यापैकी बहुतेक किडी हाताने काढून नष्ट करता येतात. काही किडी झाडाची पाने खातात. तसेच खोड व मुळातील रस शोषतात. झाडावर निरनिराळ्या मार्गांनी किडी येतात. परंतु नवीन

झाडे घरात आणताना त्यावर काही किडी नाहीत याची खात्री करून घ्यावी. निरनिराळ्या किडी वेग-वेगळ्या प्रकारे नुकसान करतात. काही ठराविक प्रकारच्या झाडावर ठराविक किडी आढळतात. झाडावर किडी दिसताच त्यांच्या नियंत्रणाचे उपाय त्वरित योजले पाहिजेत.

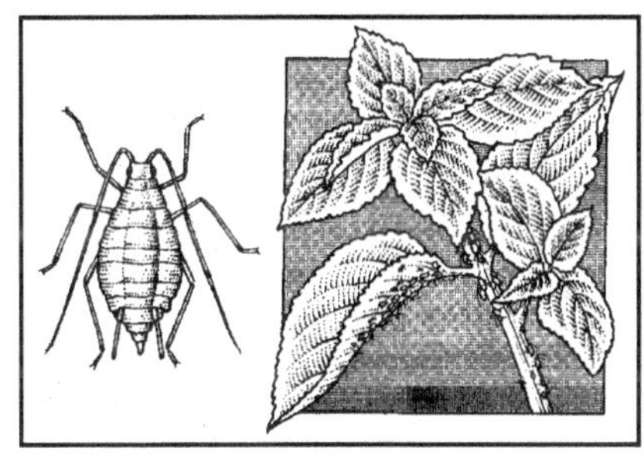

लाल कोळी (माईटस) पानांच्या खालील बाजूस असतात. त्यावर ते नाजूक जाळी तयार करतात. ड्रेसीना अझालिया यासारख्या झाडावर ते आढळतात. त्यामुळे काही दिवसानंतर सर्व पान लाल होते. याच्या नियंत्रणासाठी निकोटीन सल्फेट, सुमिथिऑन, किंवा मॅलोथिऑन फवारावे.

लहान, हिरवट किंवा काळ्या रंगाचे तुडतुडे (ऑफिड) बेगोनिया आणि टुलिपच्या कळ्यावर किंवा नवीन फुटीवर आढळतात. ते त्यातील रस शोषून घेतात. त्यांचे नियंत्रणा-साठी निकोटिन साबण, बासुदिन, मेटॅसिटॉक्स, नुवाक्रान किंवा मॅलो-थिऑन फवारावे.

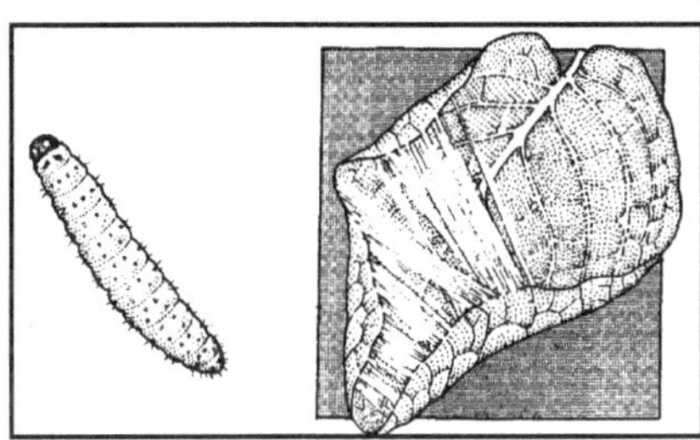

पिठ्या ढेकूण किंवा मिलीबग पांढरा असतो. त्यामुळे पानांच्या खालील बाजूस विशेषतः पानांच्या शिरेच्या बाजूस ती कापसासारखी पांढरी दिसते. ही कीड कोवळ्या पानातील व फुटव्यातील रस शोषते. त्यामुळे पाने आकसून वाळतात. ही कीड प्रामुख्याने बेगोनिया, कॅक्टस, आफ्रिकन व्हायोलेट, कोलिअस, फुश्रिया, रबर प्लँट इत्यादी झाडावर आढळते. त्याच्या नियंत्रणासाठी अल्कोट्रोलमध्ये तेवढ्याच प्रमाणात पाणी मिसळलेल्या द्रावणात ब्रश किंवा कापसाचा बोळा बुडवून ग्रासित भागावर फिरवावा.

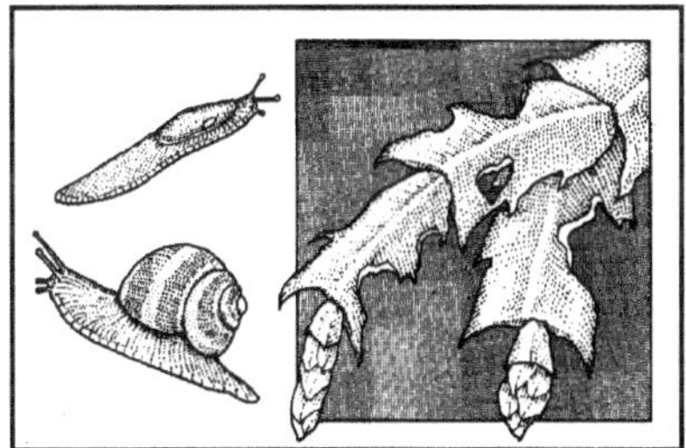

स्केल पूर्ण वाढलेले हे किडे तपकिरी रंगाचे तर त्यांची पिले फिक्कट हिरवी असतात. ही कीड अॅस्पीडीस्ट्रा, कॅक्टस, फर्न, आयव्ही, पाम, सायकस, इंडियन, रबर प्लँट या झाडावर आढळते. ही कीड पानातील रस शोषून घेते आणि आपल्या

शरीरातून तेथे मधासारखा चिकट पदार्थ सोडते. ज्या झाडावर ही कीड दिसेल ते झाड निकोटीन सल्फेटच्या सौम्य द्रावणात बुडवावे किंवा त्यावर नुवाक्रॉन, मेटॅसिड, सुमिथिऑन, मॅलॅथिऑन यापैकी एक औषध फवारावे किंवा पिठ्या ढेकणाच्या नियंत्रणाप्रमाणे अल्कोहोल व पाणी यांचे सारख्या प्रमाणातील मिश्रण फवारावे.

थ्रिप्स किडे तपकिरी किंवा काळ्या रंगाचे असून ते लहान पानातील रस शोषून घेतात. अझेला, फुशिआ, सायक्लमिन, अरूम आणि गुलाब या झाडावर ही कीड आढळते. याच्या नियंत्रणाखाली निकोटीन, किंवा रोगोर किंवा नुवाक्रॉन अगर मॅलॅथिऑन झाडावर फवारावे.

फुशिया आणि जिरॅनियम या झाडावर येणारी पांढरी माशी आणि हिरवी माशीचे नियंत्रणासाठी निकोटीन साबण द्रावण किंवा मॅलॅथिऑन झाडावर फवारावे.

लहान कोळी किंवा हिरवट कोळी कीड आफ्रिकन व्हायोलेट, सायक्लामेन, जिरॅनियम, बेगोनिया आणि क्रॅसूला या झाडावर आढळते. सुमिथिऑन किंवा रोगोर फवारून त्यांचे नियंत्रण करता येते.

□